长吉地区
生态环境评价与优化发展研究

秦昌波　吕红迪　王冬明　苑魁魁　周劲松 / 等著

中国环境出版集团 · 北京

图书在版编目（CIP）数据

长吉地区生态环境评价与优化发展研究/秦昌波等著. —北京：中国环境出版集团，2019.4

ISBN 978-7-5111-3880-4

Ⅰ. ①长… Ⅱ. ①秦… Ⅲ. ①区域生态环境—环境管理—研究—吉林 Ⅳ. ①X321.234

中国版本图书馆 CIP 数据核字（2018）第 297240 号

出 版 人 武德凯
责任编辑 殷玉婷
责任校对 任　丽
封面设计 宋　瑞

出版发行 中国环境出版社集团
（100062　北京市东城区广渠门内大街 16 号）
网　　址：http：//www.cesp.com.cn
电子邮箱：bjgl@cesp.com.cn
联系电话：010-67112765（编辑管理部）
发行热线：010-67125803，010-67113405（传真）

印　　刷 北京建宏印刷有限公司
经　　销 各地新华书店
版　　次 2019 年 4 月第 1 版
印　　次 2019 年 4 月第 1 次印刷
开　　本 787×960　1/16
印　　张 15.25
字　　数 240 千字
定　　价 90.00 元

编 委 会

序

自然系统是人类社会经济系统最根本的依赖，和谐的区域结构和功能关系，最终来源于人和自然的和谐关系，包括让自然告诉我们适宜的功能布局、适宜的居住地、绿色而快捷的交通方式以及连续而系统的游憩网络，甚至城市的空间形态。生态环境系统在结构、功能、系统等方面存在客观规律性，区域开发建设与经济发展应以自然规律为准则，在生态环境系统的客观规律框架内，遵循生态环境系统特征、资源环境承载力约束特征，探索开展区域经济建设活动。

在当前的区域发展形势下，我们越来越认识到，生态环境保护要想真正发挥源头作用，首先需要在空间上得到足够的尊重和体现。生态环境评价与生态环境空间管控必须创建一套空间系统解析、评估、决策、规划的技术体系，客观反映区域生态环境在结构、功能、承载等方面的空间差异性特征，才能实现生态环境保护的空间落地，推动与城市规划、土地规划、经济规划在空间上的有效衔接，才能有效发挥生态环境参与综合决策，优化区域经济产业发展的作用。因此，我们认为，生态环境评价先应强化其空间落地性，加强环境质量约束、生态空间维护、资源环境承载等的底线性约束，在区域发展过程中解决好区域城镇开发建设与生态环境保护在空间、承载等方面的一致性问题。同时，环境保护相关制度与政策也需要在科学解析环境系统空间特征的基础上，实施差异化的管理，以此协同构建区域可持续发展的空间、结构、目标、制度等宏观战略框架，推动区域健康、高质量发展。本书就是基于这种基本考虑和认识，开展的一系列生态环境评价探索与生态环境空间管控应用研究。

生态环境部环境规划院长期开展以区域生态环境空间管控为核心的生态环境评价研究工作。早在2003年，环境规划院在牵头组织编制《珠江三角洲环境保护规划》时，就开始相关理论与实践探索，提出构建珠三角生态严控区、限制开发区、开发建设区等构成的生态分级控制体系，将珠三角14.13%的地区划定为生态严控区，实施禁止开发；划分了3 868个水环境计算单元，对重点河段和区域实施重点管控。之后的十余年中，环境规划院结合“三大行动计划”、城市环境总体规划、区域环境规划、战略环评、“三线一单”等工作，不断完善生态环境评价与区域生态环境空间管控的理论体系。

本书在环境规划院前期生态环境评价基础之上，以创新发展示范区作为研究对象，探索研究该类区域的生态环境评价与生态环境空间管控内容。考虑到区域生态环境评价与生态环境空间管控的先导性、指引性特征，我们在长吉地区选择了成立不久、正在开展大规模开发建设的长吉产业创新发展示范区作为具体研究对象，开展相关理论研究与管理探索。我们希望，通过我们的探索与努力，在区域规划建设之初，将生态环境评价与生态环境空间管控相关成果应用下去，真正发挥生态环境保护优化经济产业布局，推动区域高质量发展的作用。

本书共包括11个章节。第1章阐述了区域生态环境评价与空间管控研究的探索历程、基本认识与总体考虑，主要由秦昌波、吕红迪撰写；第2章对长吉创新发展示范区的生态环境基本状况、污染格局与原因、生态环境保护形势进行分析，主要由吕红迪、马欣、田甜、周劲松、苑魁魁撰写；第3章开展生态环境系统评价与生态环境分区分级管理研究，主要由吕红迪、石岩撰写；第4章开展基于生态空间的生态环境空间管控方案构建研究，主要由王成新、王冬明撰写；第5章开展大气环境系统评价，探索大气环境分区管控研究与应用，主要由苑魁魁、张南南撰写；第6章开展水环境评价，探索水环境分区管控研究与应用，主要由周劲松、陆文涛撰写；第7章探索基于大气环境承载力的空间管控研究，主要由苑魁魁、马欣撰写；第8章探索基于水环境承载力的空间管控研究，主要由周劲松、王冬明撰写；第9

章探索性开展针对环境风险的空间管控研究，主要由路路、田甜撰写；第10章主要对上述各单要素空间管控成果的集成模式进行探索，形成环境空间管控的综合应用建议，主要由王成新、于雷撰写；第11章是以重点区域为对象，探索基于生态环境空间管控的生态环境系统评价管理应用模式，主要由秦昌波、吕红迪、苑魁魁、周劲松、王成新、田甜、马欣等撰写。

本书的编写得到生态环境部原规划财务司、生态环境部环境影响评价与排放管理司、长春新区管理委员会相关领导的大力支持，同时生态环境部环境规划院总工程师万军对本书的总体构架进行指导，在此表示感谢。

区域生态环境评价与空间管控是一项继承性、创新性的工作，技术要求也相对较高。随着理论研究与实践探索的不断深入，相关内容框架、研究思路与技术路线基本成型，但尚存在部分技术难题有待攻克。本书在编制过程中，由于时间与能力有限，难免存在着诸多不足，我们将在下一步研究中逐步完善。本书的出版希望引起国内外相关人士的进一步关注与了解，共同深化区域生态环境评价与生态环境空间管理研究工作。

编制组

2018.10.27

目 录

第 1 章

以空间管控为核心的生态环境评价总体思路

1.1 区域生态环境空间管控研究的发展历程

1.1.1 生态环境部在生态环境空间管控方面进行多方探索，逐步形成环境空间综合管控技术

国家环境保护总局（现生态环境部）从 2000 年前后，开始探索水环境功能区划、大气环境功能区划、噪声环境功能区划、土壤环境功能区划等单一环境要素的环境功能区划制度，并随着环境管理形势与需求的变化，对单要素环境功能区划的分区体系进行不断的调整。尤其是“十二五”以来，原环境保护部陆续出台了《水污染防治行动计划》《大气污染防治行动计划》《土壤污染防治行动计划》等文件，探索环境质量的空间化、精细化管理模式。《水污染防治行动计划》将全国划分为 1 784 个控制单元，实施以控制单元为基础的水环境质量管理，并实现控制单元质量提升；《大气污染防治行动计划》针对重点区（以京津冀地区为例）建立基于传输通道城市和千米网格的大气环境监管体系；《土壤污染防治行动计划》对农业用地土壤环境实

施分类管理、对建设用地环境风险分类管控，开展治理修复，突出重点区域和重点空间管控。

同期，随着国家国土空间开发制度的变化，以及环境保护从单一要素管理向环境质量综合管理的转型发展，单一环境要素的环境功能区划制度难以满足管理要求。生态功能区划、环境功能区划、生态环境功能区划等体现生态环境综合管理特征的分区管控制度不断探索并迭次更新。环境功能区划、生态环境功能区划等综合性生态环境分区方案，已经将生态环境分区管控的定位重心从单纯的单一要素环境质量提升手段，上升落实到主体功能区的重要抓手地位，力求为推动国民经济科学、合理、有序发展提供基本空间依据。

在省域与城市层面，生态环境空间管控的理论研究与实践探索不断深化，为生态保护参与综合决策起到了积极的作用。2003 年，广东省和国家环保总局签订省部协议，由环境规划院牵头组织编制《珠江三角洲环境保护规划》。《珠江三角洲环境保护规划》构建由生态严控区、限制开发区、开发建设区等构成的生态分级控制体系，将珠三角 14.13%的地区划定为生态严控区，实施禁止开发；将珠三角地区划分为 3 868 个水环境计算单元，对重点河段和区域实施重点管控。2005 年，《珠江三角洲环境保护规划纲要（2015—2020 年）》通过广东省人大审议后，批复实施，极大地推动了生态环境空间管控在空间布局、产业调整等方面的地位。

进入“十二五”以来，城市人民政府对于生态环境空间管控参与综合决策的需求逐渐提升。原环境保护部不断提升生态环境空间管控的理论创新与实践探索，组织以地级市为主体，探索开展一大批以中尺度生态环境空间管控为核心的环境规划，瑞丽、哈尔滨、济南、沈阳、南宁等城市自发开展以生态环境空间管控体系构建为核心的城市环境总体规划探索。

1.1.2 各部委在党中央的组织下积极探索空间规划体系重构，生态环境空间的基础性地位逐步确立

2014 年 8 月，国家发展改革委、国土资源部、环境保护部、住房城乡建设部 4

部委联合发文，在全国筛选28个市、县，开展探索经济社会发展规划、城乡规划、土地利用规划、生态环境保护等规划“多规合一”的具体思路，研究提出可复制、可推广的“多规合一”试点方案，形成“一个市（县）一本规划、一张蓝图”。同时，探索完善市县空间规划体系，建立相关规划衔接协调机制。

上述28个试点大致探索形成3种“多规合一”模式。一是“三区三线”模式。以“三区三线”（“三区”为城镇空间区、生态空间区、农业空间区，“三线”为城镇开发边界线、永久基本农田保护红线、生态保护红线）划定及管控为核心的全域空间管控成为空间规划改革试验的重要内容。二是全域刚性控制线模式。在“三区三线”基础上，结合地方经济发展与环境保护实际需求，增加建设用地规模、产业园区开发、基础设施建设等刚性控制线体系，制定空间管制指引，构建全方位、全域刚性控制线体系。三是土地利用管制模式。以第二次全国土地调查及连续变更的最新土地利用现状为“底图”，以自上而下逐级控制的建设用地规模、耕地保有量和基本农田保护面积等约束性指标为“底盘”，以城市开发边界线永久基本农田保护红线、生态保护红线为“底线”，形成了“底图、底盘、底线”的“多规合一”模式。

在试点探索过程中，环境保护大致从3个方面参与“多规合一”。一是科学合理划定生态保护红线，以生态保护红线分类界定空间分区。二是强调生态环境承载力、生态敏感性对于空间布局的影响，在此基础上合理确定城乡空间管制分区和“一张图”布局，引导生态保护空间、农业生产空间的优化调整，构建城乡空间协调布局新模式。三是以环境质量为基准，结合主要污染物排放约束，以环境质量改善为目标，推动产业转型升级，优化城市发展结构，加强总量管控与环境准入，将环境质量目标作为调控城市产业规模和开发强度的重要参考，推动产业转型升级和绿色发展。

2017年1月，中共中央办公厅、国务院办公厅印发的《省级空间规划试点方案》提出，以主体功能区规划为基础，全面摸清并分析国土空间本底条件，划定城镇空间、农业空间、生态空间以及生态保护红线、永久基本农田、城镇开发边界，注重开发强度管控和主要控制线落地，统筹各类空间性规划，编制统一的省级空间规划，为实现“多规合一”、建立健全国土空间开发保护制度积累经验、提供示范。

从目前空间规划体系的理论探索与实践经验来看，“三区”争议性较大；但“三线”有共识，尤其是对生态保护红线的基础前置作用有普遍共识。大部分学者认为，未来空间规划体系的走向，将以涉及审批的国家、省、市（县）“三线”、规模、结构、布局等要求，作为空间规划自上而下的强制性内容，其他适度弹性、柔性的内容由各层级规划自定。

目前，广州、福州、贵阳、大连、厦门、宜昌、威海、瑞丽等城市环境总体规划已经通过人大审议后批复实施。批复文件明确提出，批复后的规划是城市协调经济发展与环境保护的基础性文件之一，规划确定的约束性指标及生态保护红线体系等内容，应作为福州市环境保护的基础，相关规划、资源开发和项目建设活动，应充分遵从规划要求等规定，为环境保护推动城市生态文明建设、积极参与城市经济产业发展综合决策奠定了良好的基础。

1.1.3 生态环境空间管控作为党中央、国务院推动生态文明建设、合理构建空间规划体系的重要内容，其重要性与地位不断提升

2015 年 5 月，中共中央、国务院印发的《关于加快推进生态文明建设的意见》提出：国土是生态文明建设的空间载体。要坚定不移地实施主体功能区战略，健全空间规划体系，科学合理布局和整治生产空间、生活空间、生态空间。推进市（县）落实主体功能定位，推动经济社会发展、城乡、土地利用、生态环境保护等规划“多规合一”，形成“一个市（县）一本规划、一张蓝图”。

2015 年 6 月，中共中央印发的《关于全面深化改革若干重大问题的决定》提出，要建立空间规划体系，划定生产空间、生活空间、生态空间开发管制界限，落实用途管制。划定生态保护红线，坚定不移实施主体功能区制度，建立国土空间开发保护制度，严格按照主体功能区定位推动发展，建立国家公园体制。

2015 年 7 月，习近平总书记主持召开中央全面深化改革领导小组第十四次会议时提出了落实严守资源消耗上限、环境质量底线、生态保护红线的要求。

2017年5月，习近平总书记在中央政治局第四十一次集体学习时强调，推动形成绿色发展方式和生活方式是贯彻新发展理念的必然要求，必须把生态文明建设摆在全局工作的突出地位，坚持节约资源和保护环境的基本国策，坚持节约优先、保护优先、自然恢复为主的方针，形成节约资源和保护环境的空间格局、产业结构、生产方式、生活方式，努力实现经济社会发展和生态环境保护协同共进，为人民群众创造良好生产生活环境。

2017年10月，党的十九大报告提出，必须坚持节约优先、保护优先、自然恢复为主的方针，形成节约资源和保护环境的空间格局、产业结构、生产方式、生活方式，还自然以宁静、和谐、美丽；构建国土空间开发保护制度，完善主体功能区配套政策，建立以国家公园为主体的自然保护地体系；坚决制止和惩处破坏生态环境行为。

2018年3月，李克强总理在第十三届全国人民代表大会第一次会议的政府工作报告中要求，健全生态文明体制，改革完善生态环境管理制度，加强自然生态空间用途管制，推行生态环境损害赔偿制度，完善生态补偿机制，以更加有效的制度保护生态环境。

2018年4月，习近平总书记在长江考察时提出，长江经济带建设要共抓大保护、不搞大开发，不是说不要大的发展，而是首先立个规矩，把长江生态修复放在首位，保护好中华民族的母亲河，不能搞破坏性开发。通过立规矩，倒逼产业转型升级，在坚持生态保护的前提下，发展适合的产业，实现科学发展、有序发展、高质量发展。

生态环境部积极落实习近平总书记相关要求，通过城市环境总体规划、战略环评、“三线一单”等工作平台，不断推进生态环境空间管控理论研究与实践探索，逐步完善生态环境空间管控技术体系，并将其作为积极推动生态环境保护参与综合决策的重要手段，将生态环境要求作为城市发展的资源约束、关注生态环境安全与资源环境承载的阈值，推动生态环境保护由污染治理向综合决策转变，从根源上解决环境问题。

1.2 以区域生态环境空间管控为核心的生态环境评价研究思路

1.2.1 基本考虑

（1）深刻领会生态文明建设要求，合理把控空间有序、资源节约、承载合理、质量优良等区域生态环境空间管控的出发点与落脚点

党的十八大报告站在全局和战略的高度，把生态文明建设与经济建设、政治建设、文化建设、社会建设一道纳入中国特色社会主义事业总体布局，并对推进生态文明建设进行全面部署，要求全党全国人民更加自觉地珍爱自然、更加积极地保护生态。认真学习习近平总书记、李克强总理等国家领导讲话精神，深刻体会生态文明建设、生态环境保护相关文件精神，不难发现，站在生态环境保护的角度，生态文明建设的聚焦点相对集中，集中体现为生态保护红线划定、城市扩张边界的划定、资源环境承载力的合理利用、环境质量维护、生态文明制度建设等内容。区域生态环境空间管控应积极落实习近平总书记生态文明建设相关要求，重点围绕空间有序、资源节约、承载合理、质量优良等内容，积极探索、不断创新。

（2）遵循客观规律，维护生态环境在结构、功能上的基本特征

自然系统是人类社会经济系统最根本的依赖，和谐社会及和谐的城市结构和功能关系，最终来源于人和自然的和谐关系，包括让自然告诉我们适宜的功能布局、适宜的居住地、绿色而快捷的交通方式以及连续而系统的游憩网络，甚至城市的空间形态。国内外生态规划的思想、绿地优先的思想、景观规划等均是对生态优先理念的探索和实践。生态环境系统在结构、功能、系统等方面存在客观规律性，生态环境空间管控应以自然规律为准则，区域开发建设与经济发展应在生态环境系统的客观规律框架内，遵循生态环境系统特征、资源环境承载力约束特征，探索实现城市健康永续发展之路。

（3）强化生态环境空间管控的落地性特征，奠定城市健康发展的自然环境空间框架基础

随着城镇化建设的快速推进，我国城市与区域环境问题发生重大转变。经济发展与产业结构、布局与区域生态环境系统格局、承载力的冲突是区域环境问题难以解决的主要原因，其实质是在规划和布局源头层次没有实现环境保护的“三同时”（同时设计、同时施工、同时投入使用）。当前传统的环境空间管控手段，难以与城市规划、土地规划等进行有效衔接融合，也难以在前端对开发建设行为进行引导和约束。生态优先的理念和社会经济与环境协调发展的准则，首先需要在空间上得到尊重和体现。生态环境空间管控必须创建一套空间系统解析、评估、决策、规划的技术体系，才能实现生态环境保护的空间落地，推动生态环境参与综合决策，以及与城市规划、土地规划、经济规划在空间上的有效衔接。

（4）积极探索生态环境客观规律的空间性表达，推动生态环境保护参与综合决策

维护良好的生态环境格局是区域发展与建设的自身需求。传统的污染防治型生态环境保护思路难以从根本上解决生态环境问题，生态优先的理念和社会经济与环境协调发展的准则，首先需要在空间上得到尊重和体现。区域生态环境空间管控应强化环境质量约束、生态空间维护、资源环境承载等的底线性约束，在区域发展过程中做好区域城镇开发建设与生态环境保护的一致性问题。环境保护相关制度与政策，也需要在科学解析环境系统空间特征的基础上，实施差异化的管理，协同构建区域可持续发展的空间、结构、目标、制度等宏观战略框架，积极推动生态环境保护参与综合决策。

（5）向空间要效率，向容量要质量，强化从源头解决生态环境问题

未来10～15年，我国将处于城市化快速发展阶段，城镇化率将提高至85%～95%，基本完成城镇化进程。按照传统的城镇化发展模式，外延式扩展不可避免，人口增长、建设用地扩张、污染排放加剧等问题不断涌现。区域生态环境空间管控应站在生态环境保护与经济社会发展相协调的高度，在区域城镇化建设发展过程中，利用好自然客观规律的空间特征与容量特征，在有限的空间和容量范围内扩容提质，努力提高经济

社会发展规律与自然环境客观规律的协调性，向空间要效率，向容量要质量，统筹好生态环境保护与经济发展之间的关系，坚决避免先污染后治理的老路。

（6）强化空间表达的技术探索，变生态环境客观规律为环境规划语言，变环境规划语言为城市规划语言

区域经济发展领域的城市建设、经济发展、资源开发等内容均具有空间属性，而传统生态环境保护多为任务型内容，其空间属性多数不明确或精细程度不足，导致区域建设和经济发展难以在空间上与生态环境保护要求衔接。因此，区域生态环境空间管控应跳出原有的要素型、任务型生态环境保护思路禁锢，强化环境保护要求的空间表达性，落实环境系统本身的结构、过程和功能要求，明确环境空间管控的方式，逐步构建起以环境空间管控为核心的理念、思路与实施框架，才能为城镇化发展在空间布局、经济结构谋划等方面提供一个基础性依据。

1.2.2 主要任务

（1）以生态环境结构、功能特征为基础，科学划定生态环境空间分区

生态环境规划与涉及相关领域技术的发展，已经能通过 RS/GIS 手段和大气、水环境系统模拟解析系统，对区域生态环境系统、大气环境系统、水环境系统进行全面的评估解析，根据区域和城市生态系统结构、大气流场系统结构、水系统结构，识别功能中要素、过程脆弱区和结构敏感区，依据重要、脆弱、敏感程度实施分级管理。城镇化发展和区域经济建设，需要对大气、水、生态等生态环境要素的高敏感、极重要和高脆弱区域实施管控，科学划定生态环境空间分区，配套相应的管理政策与制度，实施分区、分级保护。

（2）合理控制环境资源开发利用阈值，确立环境资源开发的底线

环境资源超载直接的反映就是环境质量恶化、生态系统服务功能的退化与衰竭。优化城市发展，需要以环境资源承载力为基础，将管控的关口前移，采取综合手段进行管理。生态环境空间管控需要以环境资源承载力为基础，系统分析城市水环境、大气环境容量，建立污染物排放总量等阈值，以此对城市人口、经济发展规模和资

源开发强度进行合理的管控；同时，基于资源环境承载力的空间分异规律，推动区域发展布局、建设规模、人口聚集、产业布局等需要与环境资源承载力状况相适应，为调控城市经济产业发展布局、结构提供基本依据。

（3）以人群健康和生态平衡为基准，确立生态环境质量底线

人们为了生活来到城市，城市不仅提供良好的公共服务、更好的就业和发展机会，还包括提供健康的环境质量和安全的生态服务，必须保障城镇地区空气质量、饮用水质量、城镇场地等满足人群健康生活的需求。健康的环境质量和更加平衡的生态系统是新型城镇化发展的重要内容和应有之义，也是新型城镇化发展不容忽视、突破的底线。生态环境空间管控需以维护城市环境功能与环境质量健康为目的，确定支撑区域新型城镇化建设的城市大气环境、水环境、土壤环境质量的底线，为城市提供干净的空气、清洁的河流、安全的饮水与土壤，维护人体健康和生态平衡，提高区域生态环境品质，为区域健康发展提供环境基础支撑。

（4）开展环境风险评估，完善城市环境风险防范体系

排查区域内现有及潜在风险源，识别城市建设与产业发展的环境风险，辨析各风险源环境影响与污染物传输模式，以保障饮用水安全、防范重大环境事故为重点，重点针对重金属、危险化学品、有毒有害物质，分析主要环境风险因素及可能的风险事件情景，针对重点区域、重点行业以及典型事件，完善预警体系，建立阻断污染传输、快速切断污染传输的应急响应机制，建立内外兼顾、主动防控为主的环境风险风控体系，防范区域环境风险。

（5）将生态环境空间管控要求应用于经济社会发展进程中，优化、引导区域发展建设

区域生态环境空间管控只有应用于区域生态环境保护与经济产业发展管理的过程中才具有现实意义。区域生态环境空间管控需要将其分区体系、资源承载力约束阈值、环境质量要求等内容，进一步转化为区域经济产业布局合理性、经济发展规模等内容，才能将生态环境保护融入区域经济发展进程中，充分发挥其对区域经济产业发展的综合决策作用。

1.2.3 技术难点

（1）生态环境空间管控技术的创新构建

我们认为，环境作为一种资源，同生态系统一样存在需严格保护的区域，环境空间管控势在必行。相关技术难题主要表现在：一是自然保护区、风景名胜区等管理制度对生态系统的健康维护发挥了积极作用，但除生态要素之外，大气、水等环境要素客观上也具有一定的功能、结构的空间差异性特征。环境空间管控应在生态系统空间管控的基础上，积极向环境空间延伸，明确环境管控空间的范围与边界。二是国内外生态学、景观生态学等城乡生态系统空间解析的技术方法已经相对成熟，但在环境领域，大气、水等要素区域空间差异的解析方法与技术框架尚未建立，是环境要求难以落实的关键原因。因此，环境总规应探索建立环境空间解析与环境空间管理的技术框架。

（2）资源环境约束底线的科学确定

区域可持续发展要求城市经济社会活动控制在资源环境开发利用的极限之内，生态环境空间管控应积极探索资源环境的底线约束。相关技术难点主要表现在：一是当前环境容量技术方法如何转换为规划应用手段尚不明确，环境总规应积极探索相关环境容量转化为现实可用的管理手段，建立环境容量基础理论与社会经济发展的关联性；二是在技术研究层面，环境容量、资源承载力与环境质量之间的传输响应关系尚不明确，环境容量的时空动态性特征导致其与环境质量脱钩，环境总规应在相关技术方法上进行探索研究。

（3）技术方法向管理语言的合理转变

随着我国城镇化、工业化的快速推进，区域生态环境服务功能不断下降，城市环境品质也不断恶化。从科学研究的角度，很多问题的解决都有充分的理论依据和严格的技术方法做支持。但在具体区域环境中，对于模型参数的合理确定、区域发展标准和情景的合理模拟等问题均难以统一。管理应用不同于技术研究，是一种应用性的决策科学，若要在应用中合理把握尺度，将理想严谨的科学情景，转变成可为现实区域中符合科学精神、更切实可行的生态环境保护要求，则需要进一步的技术方法探索和理论应用实践。

第 2 章

长吉地区环境经济形势分析

2.1 区域基本状况

本书以长吉产业创新发展示范区（以下简称“长吉示范区”或“示范区”）为研究对象，开展区域生态环境空间管控研究及管理探索。

2.1.1 示范区总体状况

为进一步提升吉林省在东北亚区域合作中的地位，主动融入“一带一路”，2015 年 2 月 3 日，吉林省决定设立长吉产业创新发展示范区。示范区重点围绕“科学发展、加快振兴，让城乡居民生活得更加美好”为总体目标，以开放合作为根本，打造为实施长吉图战略[①]的重要载体、哈长城市群发展的新引擎、东北产业升级的先导区、东北亚区域开放合作的战略高地。

长吉产业创新发展示范区位于长春与吉林两市的中间地带，全域共包括 16 个镇、5 个街道、1 个乡，总面积 3 710 km^2。其中，长春市辖区包括：米沙子镇、九

---

① 长吉图战略：推动长吉图地区的国际合作和对外开放，让中国图们江区域及其广阔的腹地成为中国积极参与东北亚区域国际合作的基石、联系各国的纽带。

台街道、营城街道、土门岭镇、九郊街道、龙嘉镇、东湖镇、西营城街道、卡伦镇、奋进乡、兴隆山镇、波泥河镇，面积 1 784 km^2；吉林市辖区包括：桦皮厂镇、万昌镇、一拉溪镇、岔路河镇、大绥河镇、双吉街道、九站街道、孤店子镇、左家镇、搜登站镇，面积 1 926 km^2。

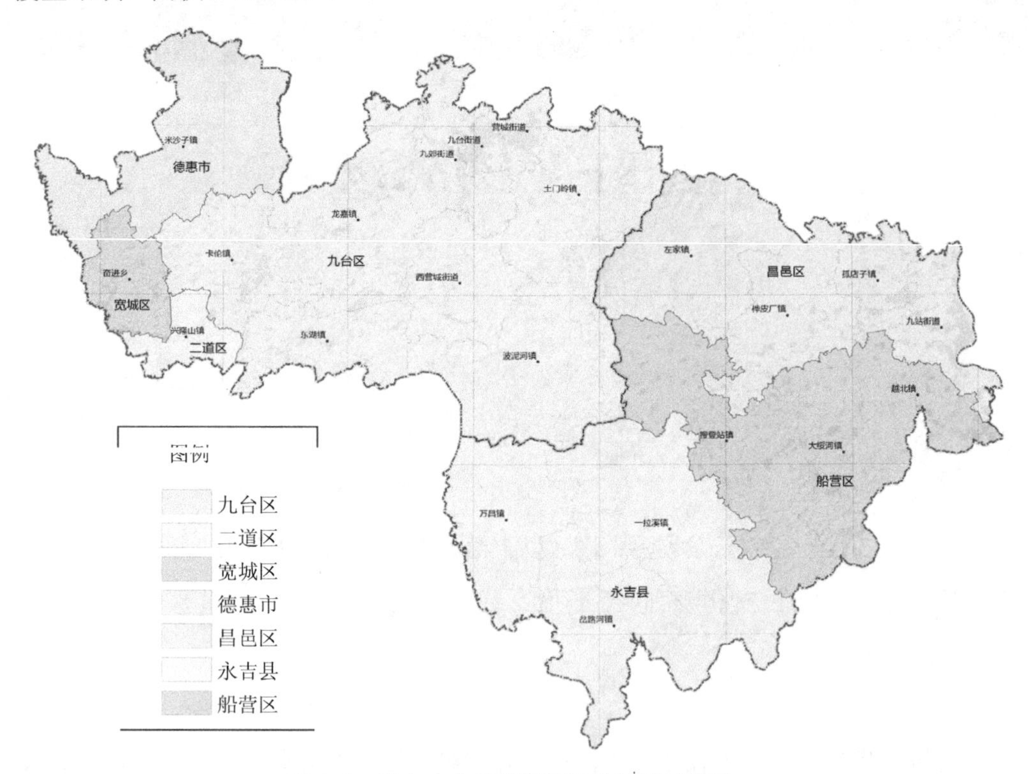

图 2-1 长吉产业创新发展示范区区域范围

长吉示范区土地条件优越，生态格局完整，水资源相对丰富，生态环境良好。区内拥有 4 个国家级开发区、5 个省级开发区，工业基础扎实，产业创新发展基础良好。随着国家实施“一带一路”倡议、推动长吉图开发开放战略、促进哈长城市群发展战略、加快长吉一体化建设与新一轮东北老工业基地战略的不断深入，长吉产业创新发展示范区肩负撬动区域经济发展、构建区域新经济增长极的历史使命与良好机遇。

（1）产业基础

2013 年，长吉示范区全年实现地区生产总值 822 亿元，三次产业比重为 9.58∶75.89∶14.53。2013 年，示范区第一产业增加值 78.8 亿元，是吉林省重要的粮食主产区之一。第二产业增加值 624 亿元，汽车制造业产值占工业总产值的 95.8%。依托光机所重点发展的光电子产业、依托吉林“碳谷”重点发展的碳纤维材料、依托长春生物所发展的生物医药，以及依托长春应化所重点发展的新材料产业等战略性新兴产业基础较好。

（2）产业布局

区内拥有 4 个国家级开发区（长春高新技术产业开发区北区、长春经济技术开发区、吉林经济技术开发区、吉林高新技术产业开发北区）、5 个省级开发区（长春九台经济开发区、长德合作区、九台工业集中区、吉林船营经济开发区、吉林岔路河特色农业经济开发区）。其中，长春高新技术产业开发区北区主要以农产品加工、生物医药、光电子、装备制造产业、新能源新材料以及汽车零部件等产业为主；长德合作区主要以农副产品加工、传统制造、加工物流等产业为主；九台工业集中区主要以能源矿产、农副产品加工、机械制造以及冶金建材为主；吉林经济技术开发区主要以精细化工、新材料、生物产业以及装备制造业为主；吉林高新技术产业开发区北区现状主要为生物医药、新材料以及装备制造产业。

示范区按照实施主体划分为 13 个功能单元，依据主导产业细分为 40 余个产业园区，并配套完善的城市功能。13 个功能单元分别为空港经济开发区东区、空港经济开发区西区、东北亚国际物流园、长春高新技术产业开发区北区（以下简称“长春高新北区”或“高新北区”）、长德合作区、兴隆综合保税区、长春经济技术开发区北区（以下简称“经开北区”）、九台经济开发区、九台老城区、吉林经济技术开发区（以下简称“吉林经开区”）、吉林高新技术产业开发区（以下简称“吉林高新区”）、吉林中新食品区（以下简称“中新食品区”）、船营经济开发区。

未来 5～15 年，长吉产业创新发展示范区将实现从传统工业向现代化产业转变，常速城镇化向高速城镇化转变，城乡传统二元发展向城乡一体、产城融合发展转变

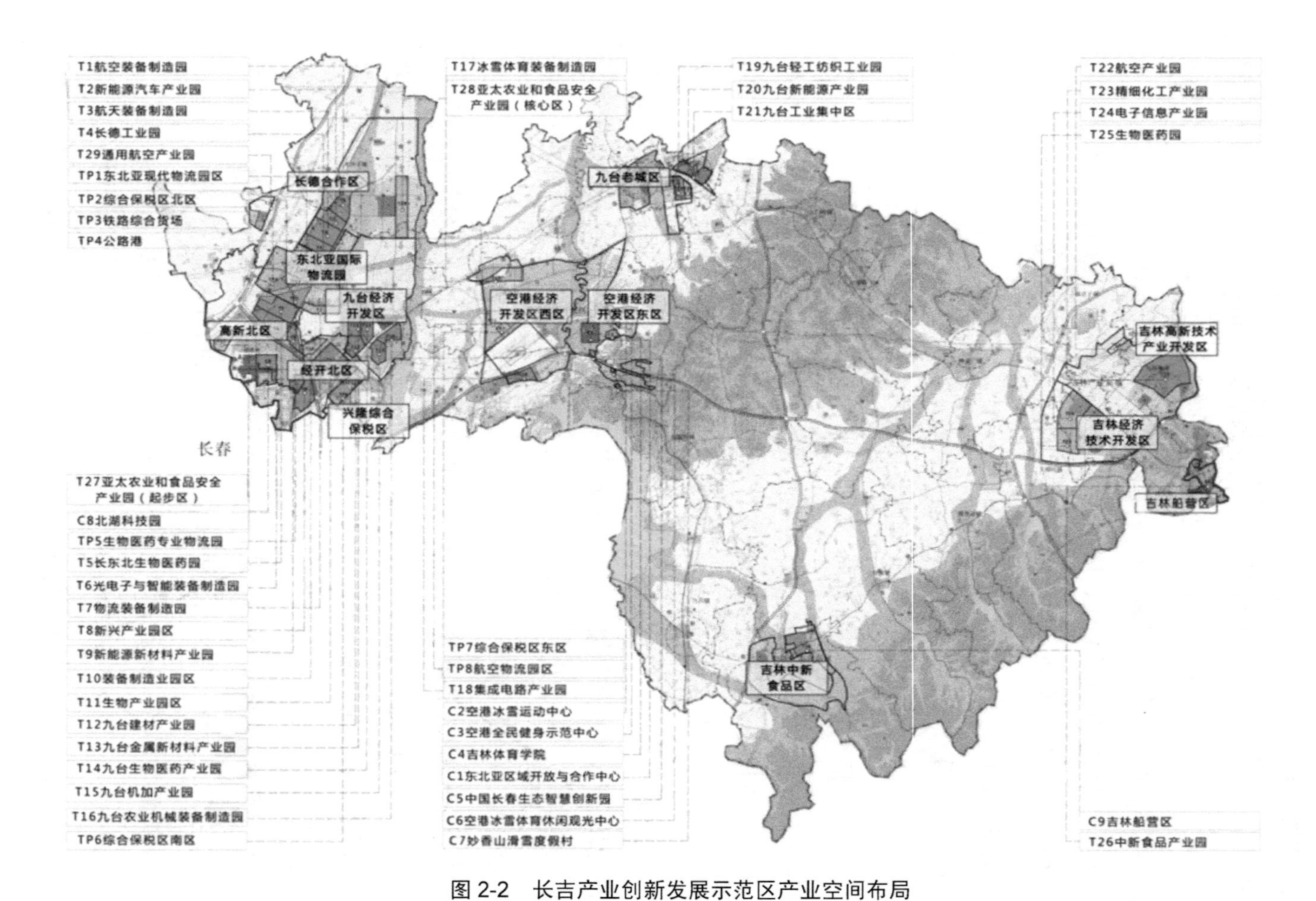

图 2-2　长吉产业创新发展示范区产业空间布局

注：本图来源于《长吉产业创新发展示范区发展总体规划（2015—2030）》。

的跨越式发展。规划至 2020 年，示范区城镇化率将由现状的 36.87%快速调整至 80%，基本完成城镇化。这一时期也是长吉产业创新发展示范区资源环境约束趋紧、保护与发展矛盾加剧的瓶颈期。

2.1.2　重点发展区域

长吉产业创新发展示范区区域内，包括第 14 个国家级新区——长春新区的主体区域。长春新区紧邻长春市主城区，其主体位于长春东北侧，规划面积约 499 km²。其中，长春新区除南侧高新技术产业开发区不在示范区内以外，主体部分东北侧区域全部在示范区范围内。

图 2-3　示范区与长春新区位置关系

国家批复的长春新区规划范围，包括龙嘉镇、西营城街道、双德乡和奋进乡，含长春空港经济开发区、长春北湖科技开发区、长春高新技术产业开发区。为满足生态环境保护和重大基础设施建设要求，将外围城乡地区与长春新区统筹协调，作为规划控制范围，包括龙嘉镇、西营城街道、奋进乡、双德乡、米沙子镇、卡伦街道、兴隆山镇、东湖镇，含长春空港经济开发区、长春北湖科技开发区、长春高新技术产业开发区、长德经济开发区、兴隆综合保税区、九台经济开发区等，总面积 1 154 km^2。截至 2015 年年底，长春新区规划区总人口 47 万人，其中农业人口 15 万人，城镇化率为 68%；长春新区控制区范围总人口约 60 万人。

未来，长春新区将按照“一条主线、两个目标、两大产业集群、*N* 个千亿级产业”的总体发展思路，即以创新驱动为主线，构建“562”产业体系，建设中国智能装备制造中心、东北亚区域绿色消费中心两大目标，打造以 *N* 个千亿级产业为核心的先进装备制造业和绿色健康两大产业集群。

——“562”产业体系：5 个先进制造业产业，包括汽车产业一个优势产业，高端装备制造业、光电信息、生物医药、新材料新能源四大新兴产业；6 个现代服务业产业，包括科技金融业、信息服务业、旅游会展业、文化创意业、商贸物流业、健康养老业；2 个现代农业产业，包括精优食品制造及都市农业。

——中国智能装备制造中心：整合中国东北地区制造资源，聚焦汽车、航天、新材料新能源、电子信息等重点领域，依托先进装备制造业集群，将长春新区打造成中国智能装备制造中心。

——东北亚绿色消费中心：立足东北，面向东北亚，适应消费新常态，依托优良的生态本底和优势资源，以健康食品、健康制造、健康服务为依托，构建涵盖绿色产品开发、节能环保和健康产业的绿色产业体系，依托绿色健康产业集群，打造东北亚区域绿色消费中心。

——两大产业集群 *N* 个千亿级产业：致力打造先进装备制造业集群，将新区传统制造业进行智能升级，并向智能物流装备、智能农机装备延伸，将新区打造成中国智能装备制造中心。加快培育绿色健康产业集群，重点发展保健品、精优食品、都市农业，以及生物医药、医疗器械等优势医药产业。加快形成汽车、高端装备制造、光电信息、生物医药、精优食品等 N 个千亿级产业，实现产业链条全过程服务。

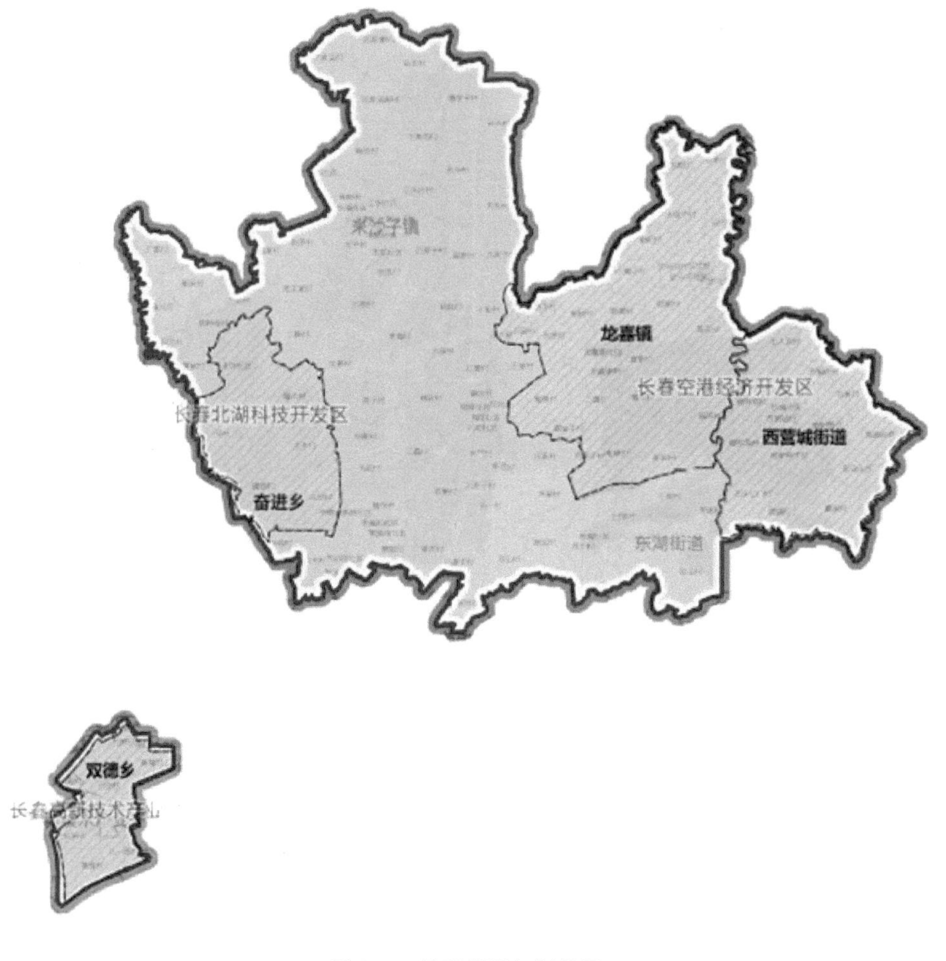

图 2-4　长春新区规划范围

2.2 区域经济社会发展状况

2.2.1 工业基础相对较好，但产业结构相对较重，产业体系尚不完善

（1）国家级、省级工业园区较多，工业基础相对较好

长吉示范区内现拥有 4 个国家级开发区（长春高新技术产业开发区北区、长春经济技术开发区、吉林经济技术开发区、吉林高新技术产业开发北区）、5 个省级开发区（长春九台经济开发区、长德合作区、九台工业集中区、吉林船营经济开发区、吉林岔路河特色农业经济开发区）。

图 2-5 长吉产业创新发展示范区国家级、省级开发区空间分布示意图

注：本图来源于《长吉产业创新发展示范区发展总体规划（2015—2030）》。

（2）示范区开发建设相对滞后，二产比重偏高

示范区选址在长吉两市建成区之间发展相对滞后的区域。2014 年示范区除高新区外区域 GDP 约为 822 亿元，仅占长吉两市 GDP 总量的 10%，占吉林省 GDP 的 6%。其中，第一产业增加值 78.8 亿元，第二产业增加值 624 亿元，第三产业增加值 120 亿元，三次产业比重为 9.58∶75.89∶14.53，人均 GDP 达到 81 439 元。

（3）产业体系尚不完善，产业结构有待优化

目前长吉示范区工业增加值占 GDP 的 78%，产业结构相对单一。工业以化工、机械加工等传统工业为主，且基本处于产业链的前端；农业以传统种养殖为主，特色种养殖比重较低。长春高新区、长德合作区、空港开发区、中新食品区、吉林高新区等绝大部分开发区均处于起步阶段。示范区服务业短板明显，第三产业大多是作为城乡基本生活服务配套的基础消费服务业和少量旅游休闲产业，主要以餐饮、住宿、批发零售、商贸物流、房地产等传统服务业为主，发展水平较低，高增值的现代服务业很少。

（4）汽车产业支撑示范区发展，“一业独大”特征突出

长吉示范区目前已有汽车制造业产值达到 4 207 亿元，为示范区汽车产业发展及装备制造业中心建设奠定了良好的基础。但示范区汽车产业产值占工业总产值的 95.8%，“一业独大”和“一企独大”也给示范区产业发展带来风险抵抗能力较低的风险。

2.2.2　区域发展不平衡，建设开发相对集中，新区经济贡献大

（1）长春新区工业产值占长春市工业总产值的近一半

2014 年，长春新区实现地区生产总值 930 亿元（其中高新区 GDP 为 889.6 亿元），同比增长 10.4%，占长春市生产总值的 20.5%；实现工业总产值 4 522 亿元，同比增长 10.7%，占长春市工业总产值的 44.3%；实现全口径财政收入 574.6 亿元，同比增长 20.1%，占长春市财政收入的 49.3%，已经成为区域经济发展的重要增长极。

（2）现状工业企业分布相对集中

工业主要分布在高新南区、九台经济开发区、九台工业集中区、吉林经济技术开发区、船营经济开发区等较成熟的开发区内。此外，长春高新北区、吉林高新区、长德新区等新开发区目前工业产出较小，但也已有多个大型项目正在建设之中。

2.2.3 城镇化率偏低，城乡二元化特征明显

（1）城镇化率较低，农村人口多

2014年，示范区现状总人口约101万人，城镇人口37.23万人，农村人口63.77万人，城镇化率为36.87%。其中，长春市辖区内各镇（街道）总人口62.17万人，城镇人口31.05万人，农村人口31.12万人，城镇化率49.90%；吉林市辖区内各镇（街道）总人口38.76万人，城镇人口6.18万人，农村人口32.58万人，城镇化率15.94%。

表2-1 长吉产业创新发展示范区人口及城镇化率

城市	区域	人口/万人	城镇化率/%
长春	城镇	31.05	49.90
	乡村	31.12	
	小计	62.17	
吉林	城镇	6.18	15.94
	乡村	32.58	
	小计	38.76	
示范区	城镇	37.23	36.87
	乡村	63.77	
	合计	101.00	

（2）城镇体系尚未建立，城乡二元化特征明显

示范区内，长春市、吉林市城区与农村之间的发展差距大，关联性不足，城乡

二元结构矛盾突出。近几年，在城市及园区建设的带动下，城区经济和城市建设都有明显改善，而乡村地区仍属于落后的农业地区，城市发展区和农业发展区之间有明确的空间界限和功能差异。

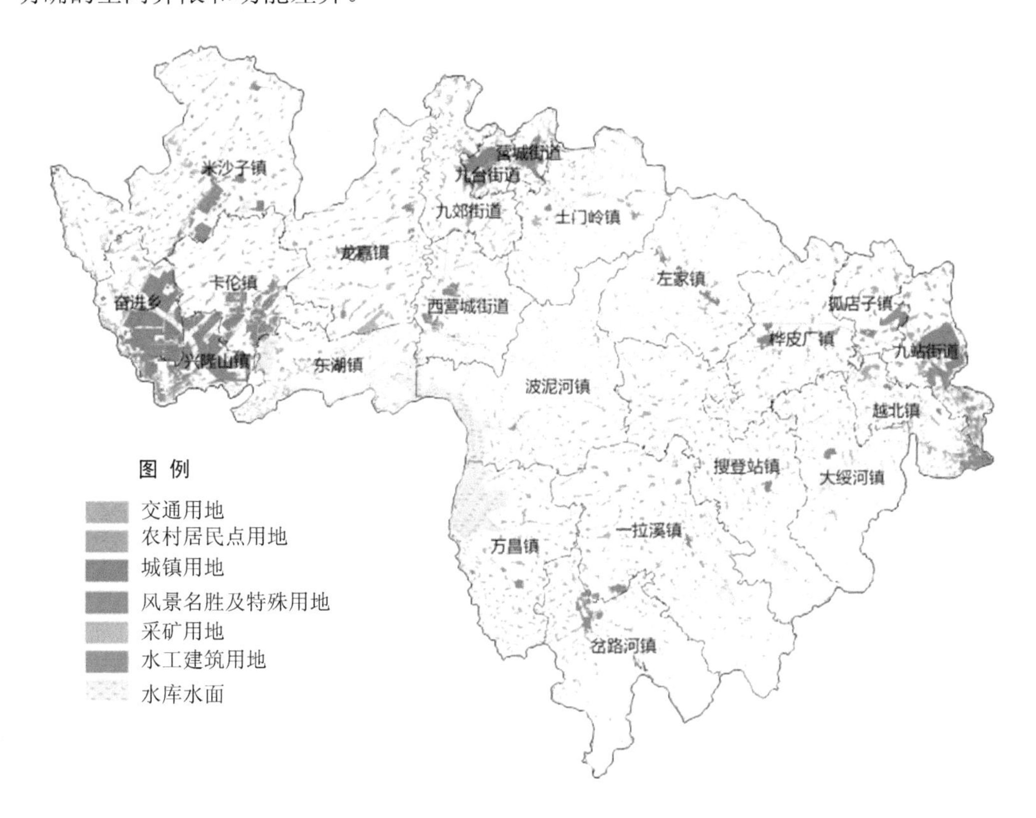

图 2-6　长吉产业创新发展示范区建设用地现状分布

（3）人口低增长，人才吸引力不足

近几年，长春市人口总数呈现低速下降的趋势。2016 年长春市总人口 752.4 万人，比 2011 年的 761.8 万人减少 9.4 万人。从小学生数量来看，2005 年小学生人数为 47.6 万人，2010 年为 42.2 万人，2015 年人数为 38.4 万人，连续下降。

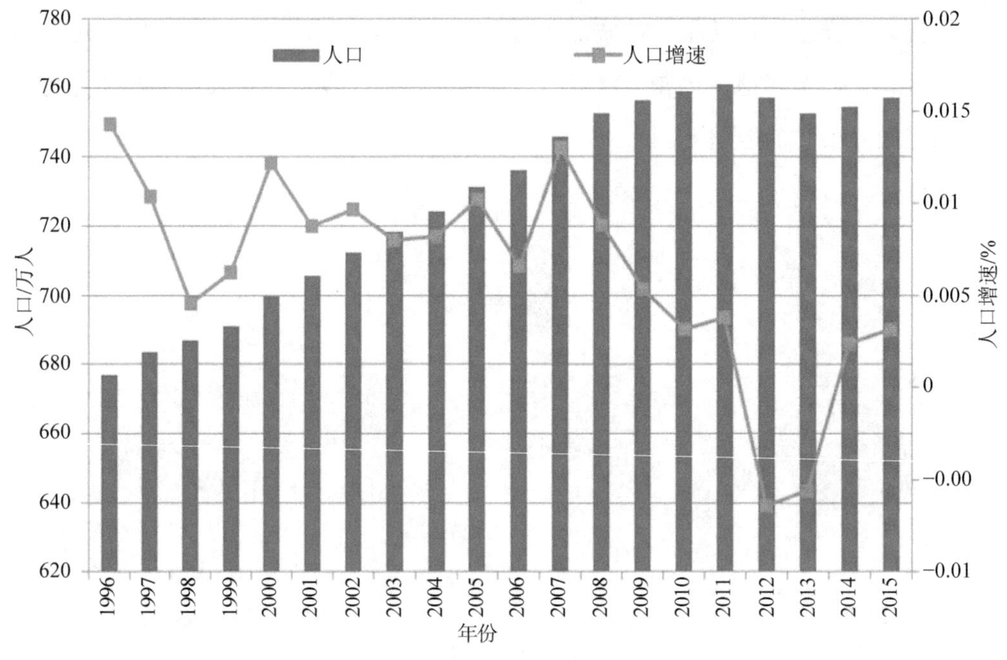

图 2-7 长春市近年来人口总量及增速

2.2.4 地理位置优越，开放条件良好，创新实力雄厚

示范区地处长吉腹地，居于我国东北地区和东北亚的地理中心，地理位置优越。龙嘉国际机场位于示范区范围内，珲乌高速、京哈高速、哈大高铁、长吉城际、京哈铁路、长图铁路穿境而过，区域交通便利。

示范区拥有长春兴隆综合保税区、东北亚国际物流园区等新型国际商贸物流平台。中俄科技园、中白科技园、中欧科技园是示范区对外科技合作的重要平台，中俄科技园已成为“国家级国际联合研究中心”和“国家级国际引智示范基地”。中蒙大通道、中俄合作的扎鲁比诺港、中朝罗先经济贸易区、中韩自贸区的建设，为示范区对外开放创造了更加有利条件。

示范区创新资源富集，创新活跃、成果丰硕。区内聚集高等院校 20 余所、各级各类研发机构近 200 家、高端创新人才 3 万多人，拥有创新型科技园区、国家知识产权示范区等 34 个国家级园区和基地。由中国科学院与示范区合作建设的长东北科技创新中心，已引进国家级研发机构 30 余家。建设了北湖科技园、摆渡创客空间、文化创意工场等一批创新型孵化器，在孵企业 1 000 余家。

2.3　生态环境基础状况

2.3.1　气候优越，地形平缓，生态环境保护限制条件较少

长吉产业创新发展示范区地处半湿润到半干旱的气候过渡带、山地到平原的地貌过渡带以及森林到草原的植被过渡带，示范区内呈现明显的过渡带特征。区域以

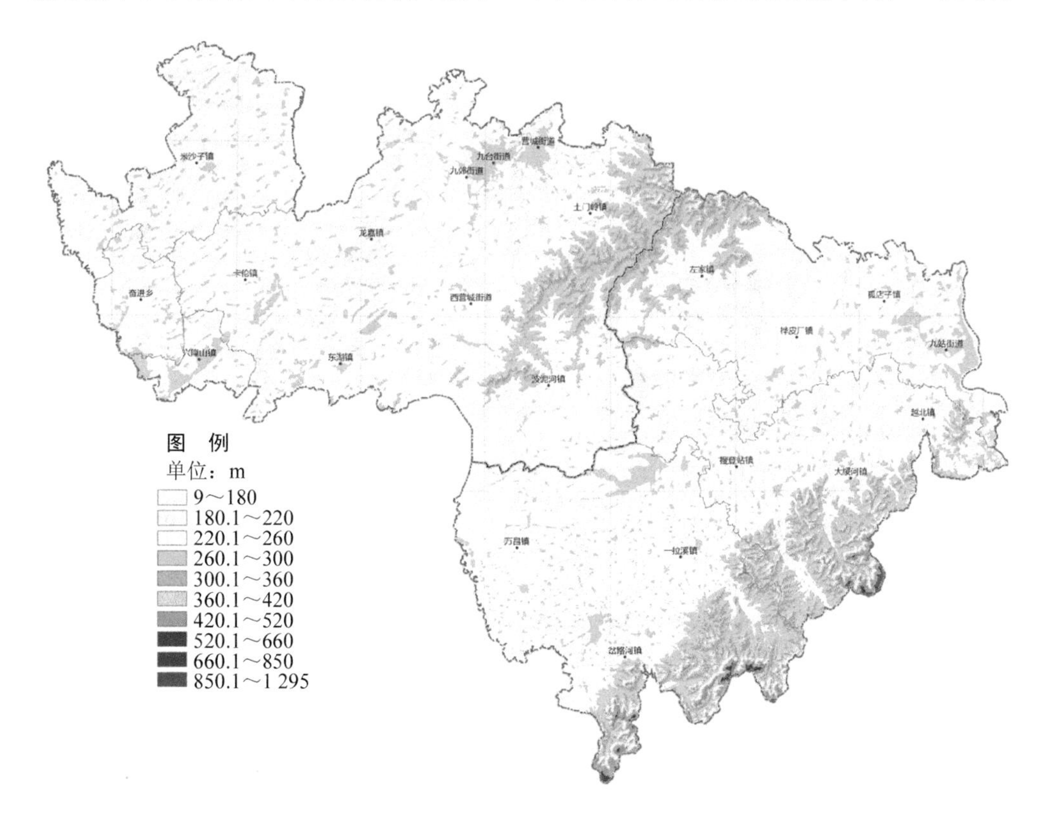

图 2-8　长吉产业创新发展示范区地貌类型

大黑山为界，地貌类型主要分为山区和平原两大类，山体呈东北—西南走势，大黑山横亘在示范区的中部，东南部地区为哈达岭的部分山体，呈现东南高、西北低的地势特点。大部分土地高程集中在 160～200 m 的平原区及 200～300 m 的低山丘陵地带。除中部大黑山脉及东南部山地外，其余地区地势起伏变化较为和缓。

2.3.2 现状以农田为主，集中开发模式对生态保护成效较好

示范区土地总面积 3 710 km^2。土地利用类型以农用地（2 980.68 km^2）为主，占土地总面积的 82.20%，其中耕地占土地总面积的 59.89%；建设用地（564.34 km^2）仅占示范区总面积的 15.56%，集中在高新北区、九台街道、九站街道。

表 2-2 长吉产业创新发展示范区土地利用现状统计

一级类	二级类	面积/km^2	占比/%
农用地	耕地	2 171.98	59.89
	园地	17.63	0.49
	林地	716.41	19.76
	其他农用地	74.66	2.06
	小计	2 980.68	82.20
建设用地	城乡建设用地	429.59	11.85
	交通运输用地	43.61	1.20
	水利设施用地	82.38	2.27
	特殊用地	8.76	0.24
	小计	564.34	15.56
未利用地	河流水面	49.35	1.36
	滩涂	8.84	0.24
	自然保留地	23.17	0.64
	小计	81.36	2.24
合计		3 626.38	100.00

数据来源：2013 年吉林市国土资源局、长春市国土资源局土地年度变更调查数据。

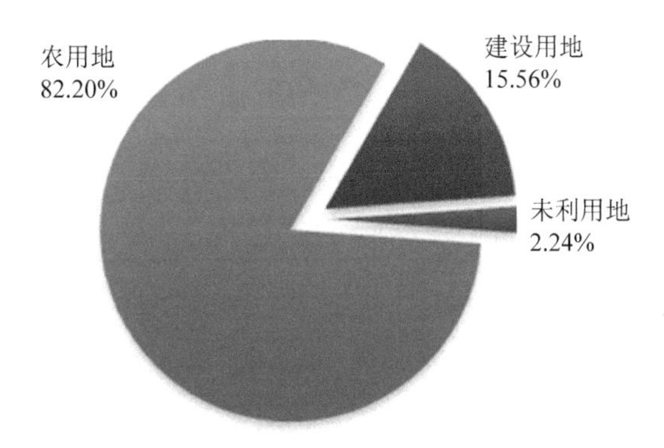

图 2-9　长吉产业创新发展示范区土地用地类型

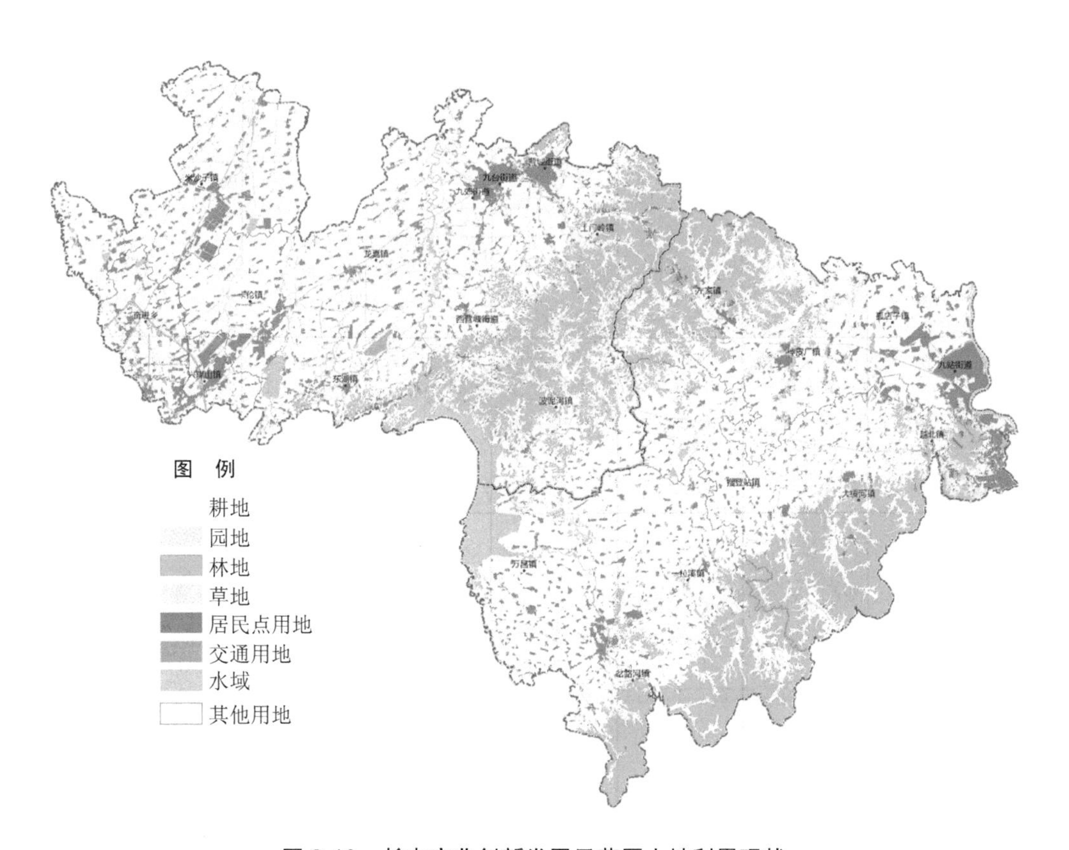

图 2-10　长吉产业创新发展示范区土地利用现状

注：本图来源于《长吉产业创新发展示范区发展总体规划（2015—2030）》。

2.3.3 生态格局完整，自然生态条件优越

示范区内生境丰富，生态环境质量较好，生态系统以森林生态系统、农田生态系统为主。区内拥有石头口门水库、左家自然保护区、卡伦湖风景区、庙香山风景区、饮马河、波泥河、雾开河以及大片的原生态湿地、原生态森林等生态资源，“两带、三区、五脉、多核”的生态空间格局良好，生态系统完整。

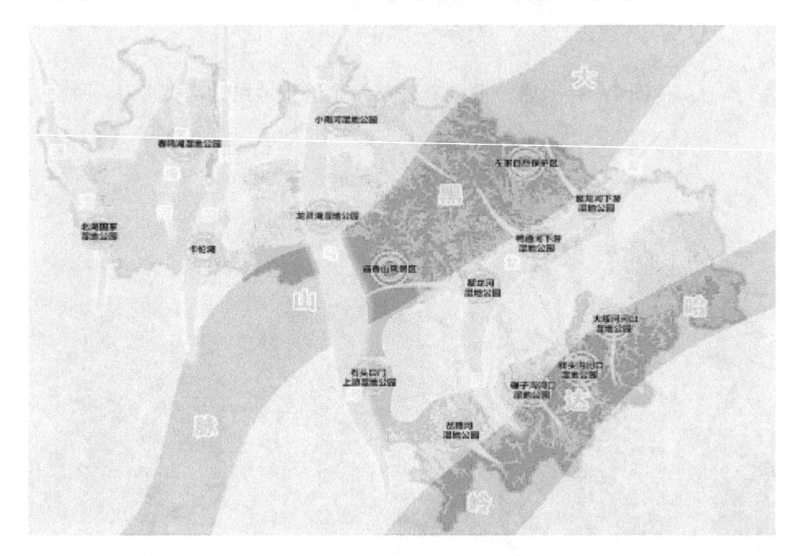

图 2-11 长吉产业创新发展示范区生态安全格局示意图

注：本图来源于《长吉产业创新发展示范区发展总体规划（2015—2030）》。

采用生态环境状况指数法（Ecological Index，EI）对示范区生态状况进行评价。EI 指数是对区域生态环境质量状况的一系列指数的综合反映，由生物丰度指数、水网密度指数、植被覆盖指数、土地退化指数、污染负荷指数加权计算而成。根据 EI 指数得分，可以将生态环境分为优、良、一般、较差和差 5 个级别。

综合评价结果显示，示范区 EI 指数在 47～65，由西向东逐渐升高。根据 EI 指数分类标准，示范区生态环境处于优或良的级别。与我国北方城市相比较，EI 指数相对较高，生态环境整体较好。

2.3.4　空气质量相对稳定，颗粒物超标严重

近年来，示范区及周边区域 SO_2、NO_2、PM_{10} 浓度总体呈现缓慢上升趋势，在 2013 年全国范围内极端气象条件影响下浓度出现峰值。2015 年示范区及周边区域全年空气质量优良天数比例在 65%左右，污染天气中颗粒物成为首要污染物的比重在 70%以上；长春和吉林市 $PM_{2.5}$ 年均浓度分别为 66 μg/m³ 和 59 μg/m³，分别为国家二级标准的 1.88 倍、1.69 倍，PM_{10} 年均浓度分别为 107 μg/m³ 和 98 μg/m³，分别为国家二级标准的 1.53、1.40 倍，在全国 338 个开展 $PM_{2.5}$ 监测的城市中分别排名第 246 名和 278 名。示范区内部，九台区城区周边空气质量较好，吉林辖区相对优于长春辖区。示范区及周边区域 SO_2、NO_2、PM_{10} 浓度基本呈现缓慢上升趋势。

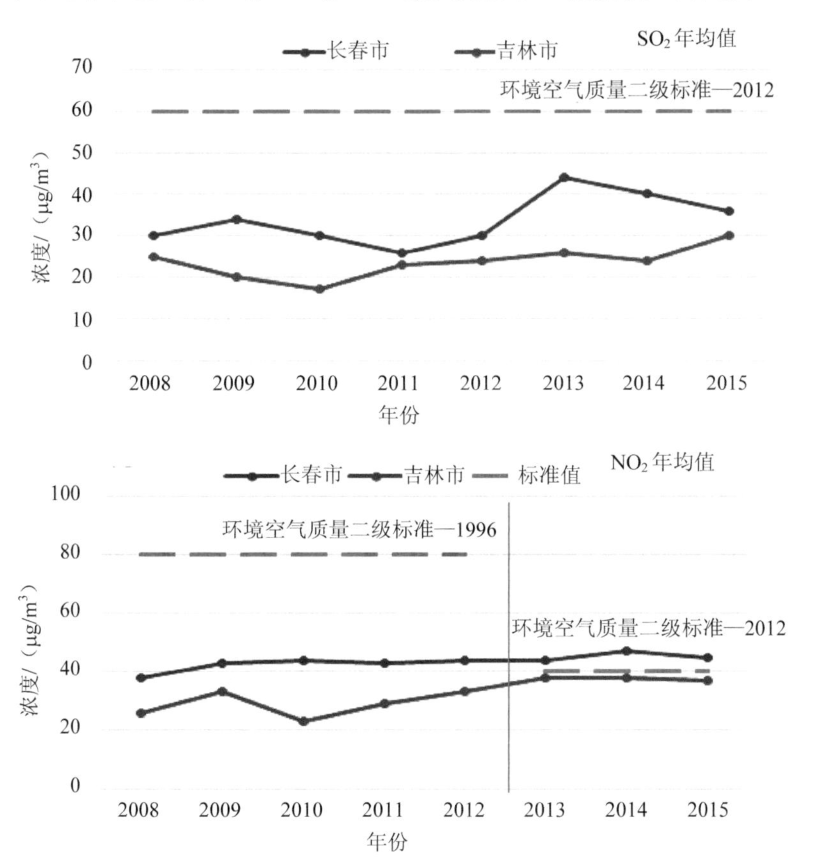

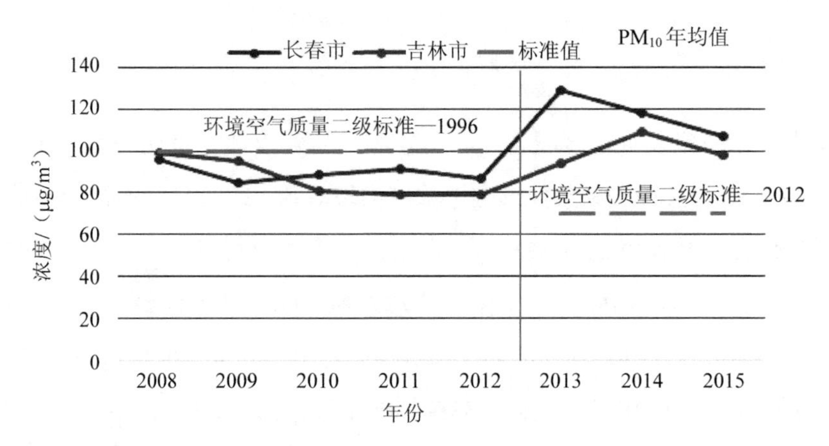

图 2-12 2008—2015 年长吉产业创新发展示范区大气主要污染物年均浓度

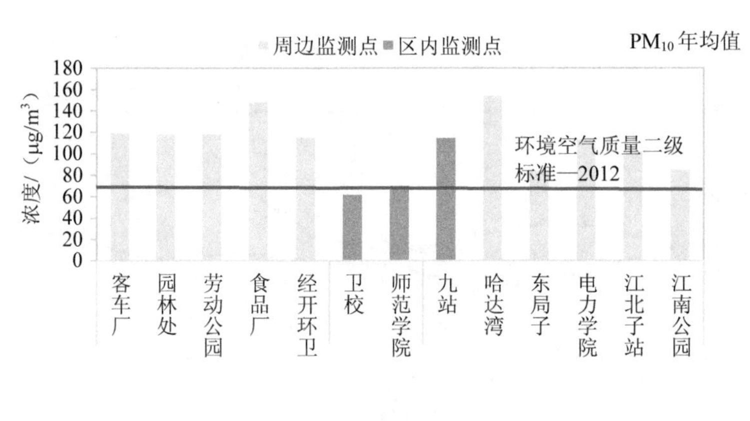

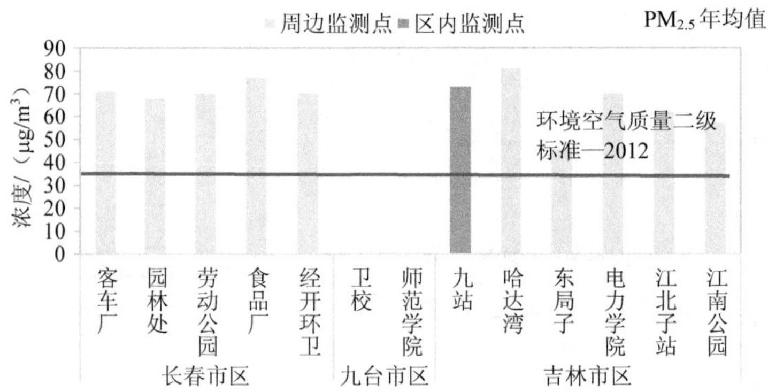

图 2-13 2014 年长吉产业创新发展示范区及周边区域主要监测点位浓度分布

表 2-3　2015 年长春市与吉林市在全国 338 个地级及以上城市大气主要污染物浓度排名情况

城市	SO_2	NO_2	PM_{10}	$PM_{2.5}$
长春	273	306	268	246
吉林	244	256	233	278

注：表中数字为排名名次，按污染物浓度从低到高排名。

2.3.5　部分水体超标，水质提升压力大

示范区自西向东分布有伊通河、干雾海河、雾开河、饮马河、鳌龙河等水系，280 余条河流，各水系大致自南向北最终汇入松花江干流的西流部分。

饮马河干流、岔路河、石头口门水库均达到水质目标。其中岔路河水质最高为Ⅱ类水体，饮马河干流和石头口门水库均为Ⅲ类水体。鳌龙河在示范区内未设置监测断面，仅在入第二松花江河口处设置一断面，水质评价为Ⅱ类水体，达到水质目标。雾开河及其支流干雾海河未达到水质目标，水质现状均为劣Ⅴ类水体。松花江干流水质污染较轻为Ⅲ类水体，但未达到水质目标。

表 2-4　长吉产业创新发展示范区内各监测断面水质达标状况

所在河流	断面名称	达标状况
饮马河干流	饮马河大桥	达标
	胜利大桥	达标
干雾海河	七一水库	不达标
	大成玉米	不达标
雾开河	黑林子桥	不达标
岔路河	官厅桥	达标
鳌龙河	鳌龙河	达标
松花江干流	牤牛河	不达标
	通溪河	不达标
石头口门水库	石头口门水库大坝	达标
	石头口门水库中游	

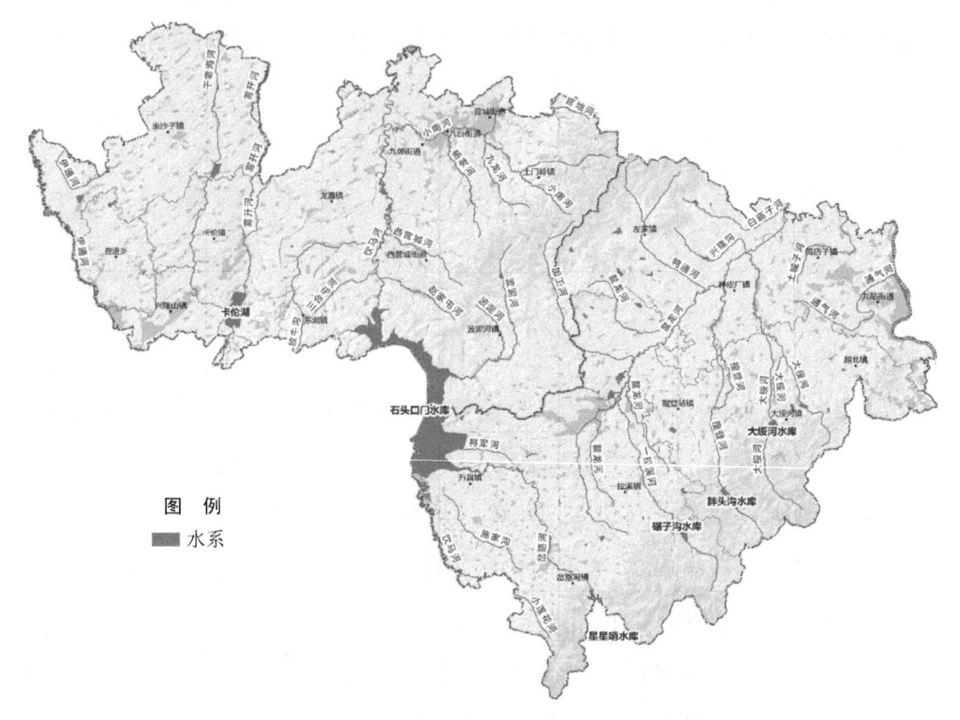

图 2-14　长吉产业创新发展示范区水系

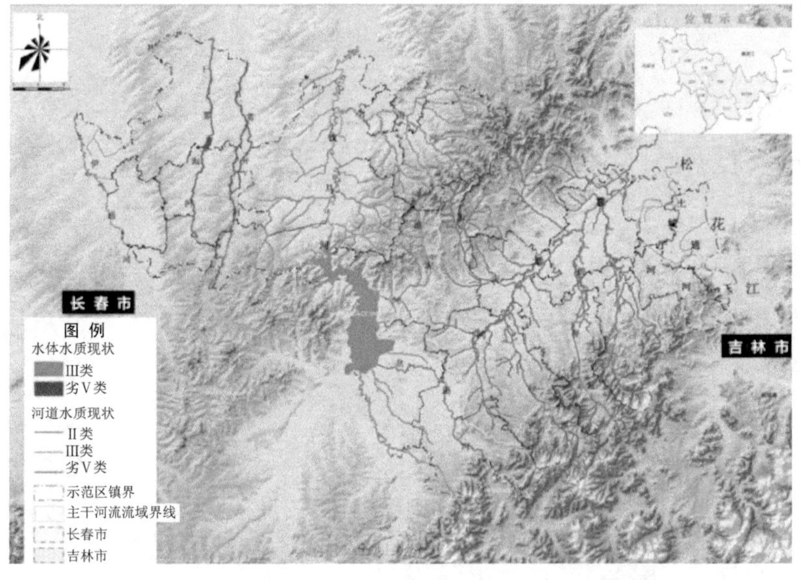

图 2-15　长吉产业创新发展示范区水环境水质现状

2.4 生态环境污染结构与原因分析

2.4.1 传统煤烟型污染严重，机动车对空气质量影响逐步凸显

示范区第二产业比重偏高，煤炭利用量大，部分区域低端产业燃煤利用效率低，煤炭占一次能源消费比重处于较高水平；农村区域仍以散烧煤为主，所用原煤质量差、灰分硫分高，且超低空直排，对局地污染贡献较大。近年来，长春市和吉林市机动车年增长率分别为 8.2%和 10.7%，两市 NO_2 浓度已处于超标和接近超标水平。未来，随着示范区的开发建设，人口和机动车数量将进一步增加，生活源和机动车污染物排放量对大气环境质量的影响加大。

2.4.2 气象条件先天不利，冬季扩散条件较差

示范区冬季采暖期较长，采暖期能耗和污染排放较高，空气质量较差，采暖期 SO_2 浓度为非采暖期的 4～10 倍。同时，示范区冬季扩散条件不利，区内冬季逆温层长期存在，影响污染物的垂直输送，加重了采暖期大气污染程度。除采暖季外，10—11 月 PM_{10}、$PM_{2.5}$、CO 超标明显，除不利气象条件外，秋收时期农民大量焚烧秸秆是导致此时间段内大气主要污染指标上升、灰霾天气多发的重要原因。

2.4.3 工业源与生活源减排压力大，城镇生活污水处理水平需进一步提升

长吉产业创新发展示范区水污染物来源以工业源与生活源为主。工业源 COD 和氨氮排放量均占总排放量的 50%以上，九台区、昌邑区、宽城区工业污染物排放量较大，主要污染源为柏林水务高新污水处理有限公司、吉林市污水处理公司、吉林化纤集团有限责任公司等企业。城镇生活 COD 和氨氮排放量均占全市总排放量的 35%以上，城镇生活污水收集与处理设施的完善程度对示范区水质影响较大。

2.4.4 部分河流上游来水水质较差，影响区内水环境质量

伊通河、干雾海河上游长春市区纳污量巨大，来水超标严重。伊通河上游流经长春市市区，城市生活污水和工业废水排放严重影响了下游伊通河段水质（出城断面杨家崴子水质为劣Ⅴ类）。伊通河段下游流经农安县，村镇生产生活污水和工业废水排放严重影响了下游靠山大桥断面（饮马河交汇点）的水质（劣Ⅴ类）。西部支流雾开河和干雾海河上游污水排放影响下游示范区内雾开河和干雾海河河段水质。区外上游矿产开采对饮马河水质影响也相对较大。总体上，区内地表水水质受上游区域影响较大，区内水质改善提升难度大。

2.4.5 区域扩张与建设造成生态用地占用，生态用地保护和城市开发建设之间的矛盾显现

2014 年长吉产业创新发展示范区城市建设用地 171 km^2，规划到 2020 年城市建设用地增加至 300 km^2，到 2030 年增加至 471 km^2。未来，随着示范区的开发建设，建设用地扩张、农用地开垦、工矿用地开发将占用森林、农田、河流等生态用地，降低区域水土保持、栖息地维护等生态系统服务功能，示范区建设与项目开发对区域生态环境空间格局完整性的维护造成一定压力，生态用地保护和经济发展建设呈现一定的矛盾。

2.5 生态环境保护形势分析

2.5.1 经济与人口规模快速增加，工业支撑发展，资源环境承载压力大

规划到 2020 年，示范区人口由目前的 101 万人增加至 175 万人，到 2030 年人口达到 333 万人，是目前的 3.3 倍。城镇化率由目前的 36.87%提高至 93%，快速完成城镇化过程。规划到 2030 年，示范区预计产值总规模将由目前的 822 亿元增加到

7 200 亿元。远景建设用地达到 538 km^2，是目前的 3 倍。

未来 5～15 年示范区将实施高效、集约、跨越式发展，实现从传统工业向现代化产业转变、常速城镇化向高速城镇化转变、城乡传统二元发展向城乡一体、产城融合转变的跨越式发展。其间，水、电、土地等资源能源消耗压力，以及大气、水等污染物排放压力将不断加大，示范区资源环境承载的压力将不断加大。

表 2-5　长吉产业创新发展示范区现状与规划主要指标对比

指标	2014 年	2020 年	2030 年
总人口/万人	101	175	333
城镇化率/%	36.87	80	93
GDP 总量/亿元	822	—	约 7 200
城市建设用地/km^2	171	301	478

2.5.2　空间布局集中，但部分区域生态环境影响较大

示范区立足土地资源本底条件，采用组合型城市理念，通过大面积保护、小面积低密度开发的布局模式，引导建设用地紧凑布局，实现生活生产空间集聚。规划提出 14 个功能单元、50 个产业园区的产业布局模式，2014 年长吉产业创新发展示范区城市建设用地 171 km^2，规划到 2020 年城市建设用地增加至 300 km^2，到 2030 年增加至 471 km^2，产业布局相对集中，有利于生态环境系统保护。

示范区范围内，大部分为土壤条件较好的耕地或基本农田，建设开发占用较多的耕地及基本农田。规划到 2030 年，建设用地占用基本农田面积约为 48 km^2。部分区域，尤其是长东北新城、空港密集发展，占用较多的基本农田，北湖国家湿地公园占用严重，密集开发对饮马河流域的河流保护、水质改善提升均造成较大压力。

2.5.3 工业区与居住区交错，产业功能布局相对分散，不利于环境污染集中管理

示范区布局在长春城区的下风向，工业产业布局基本合理。但在示范区内部，尤其是长东北新城的长德合作区、经开北区内部，上风向布局大量的工业用地，工业用地与居住用地相咬合，工业污染防治难度大。

从具体产业行业来看，部分产业布局较为分散，不利于示范区功能单元的构建。例如生物医药制造业在长东北新区的高新北区、经开北区、九台经济开发区、吉林高新区等均有相对规模的布局；食品加工业在高新北区、长德合作区、九台老城区、吉林中新食品区等均有相对规模的布局。这种空间布局模式，一是不利于城市功能的协调与提升；二是对环境污染的治理压力较大，污染源相对分散，不利于集中管理。

2.5.4 新旧污染交织，产业发展的结构性矛盾将在一段时间内持续，不利于区域环境质量改善

示范区内工业基础相对较好，但资源密集型产业比重较大，技术落后、资源能源利用率低的状况在短期内难以改变，汽车及零部件、农产品加工、光电子信息、生物医药等主导产业与建材、电力等行业每年排放的二氧化硫、化学需氧量等污染物占工业排放量的比例较大，现代服务业等第三产业在国民经济中的比重较小。

目前拥有 4 个国家级开发区、5 个省级开发区。其中，长春高新区、经开区工业企业污染较大，工业污染防治水平相对较低；吉林高新区与经开区还布局较高产值的石化企业，环境污染及环境风险压力较大。未来，规划产业在现状的基础上，将大规模增加，结构性污染仍将在一定时期存在，经济发展对资源环境的压力还将进一步增大，一定时期内难以彻底改变，不利于示范区整体环境状况的改善。

2.5.5 园区式发展存在一定的潜在环境风险

作为加快产业结构调整、培育新的经济增长点的重要载体，园区式发展是示范区主要发展模式。规划示范区产业集聚区内基本以物流、科技研发、金融等战略性新兴产业或高新技术产业为主体。但从目前示范区内各开发区、工业区发展基础来看，环境绩效水平相对较低，园区普遍存在环境风险隐患突出、污染治理设施滞后、环境执法监管不严、土地资源浪费等问题。

未来，示范区规划 14 个产业功能单元 50 余个园区，打造汽车、高端装备制造、生物医药、精优食品等 *N* 个千亿级产业，承载 7 000 亿元的产值，园区环境保护的压力较大。示范区园区建设，尤其是工业性园区的建设，应强化环境保护基础设施建设与环境监管能力建设，避免园区集中式污染与环境风险隐患。

第3章

生态系统评价与分区分级管控研究

3.1 生态环境系统分区分级管控思路与技术选择

考虑示范区实际生态保护状况，在生态保护红线划定基础上，在长吉示范区市域范围内开展生态环境空间分区分级管控工作，除明确示范区生态保护空间外，也给农田保护、生产与生活留出空间，奠定示范区生态环境保护的基础框架。

示范区生态环境分区分级管控采用“技术评价+清单”的方法，开展生态环境系统的重要性、敏感性、脆弱性评价，识别生态体系格局，细化禁止开发区清单与城市生态用地类型，综合确定生态环境分区分级管控方案，将示范区划分为生态环境核心管控区、生态环境重点管控区和生态环境质量维护区 3 种类型，实施分区分级管理（图 3-1）。

生态环境分区分级管控的主要对象与目的：

——维护和强化区域自然山水格局的连续性。自然山水格局是区域生态体系的基础，是区域平衡和发展的地脉，维护自然山水格局完整性是尊重区域自然环境、因地制宜进行开发的首要条件。

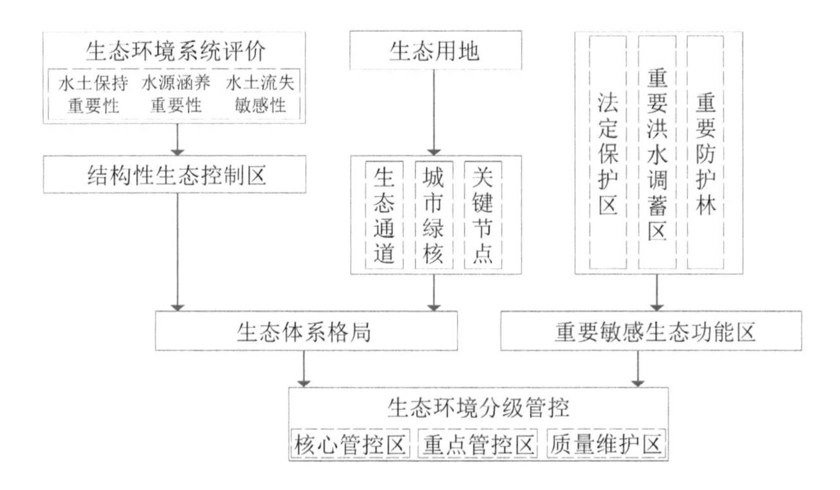

图 3-1　长吉产业创新发展示范区生态环境分区分级管控技术路线

——保护和建立多样化的乡土生境系统。城市化过程中，许多并不引人注目的乡土生境值得决策者、规划者和建设者精心保护。例如河畔小块荒野地带、村落中小片“风水林”等，都是均质空间中宝贵的异质性斑块，有可能成为小范围区域内生态和文化的支撑点。

——维护和恢复区域大型自然斑块。就物种保护和水源涵养而言，区域大型自然斑块的维护和恢复工作是区域生态体系构建的重要任务。也只有大型自然斑块，才能保存更多的本土物种、更复杂的生态系统和更强大的生态辐射能力，为区域生态体系奠定坚实的自然基础。

——尽量保留河道的自然形态。复杂多样的河道形态不仅为水生生物提供了丰富多样的生境，也为人类提供了丰富优美的自然景观，而且复杂多样的河道形态有利于抗击多样化的自然灾害。

——保护和恢复湿地系统。湿地被称为“地球之肾”，在维护多样化生境、保护物种、净化水体、调节气候和水量平衡等方面发挥着巨大的作用。

——绿地系统建设与区域景观格局相结合。充分利用外围地区的开敞绿地，构建示范区绿色通道体系，将城市外围的生态辐射引入内部；接受区域景观功能分工，保留示范区中的小型自然斑块，作为区域景观联系的“踏脚石”。

3.2 生态环境分区分级管控方案

3.2.1 生态环境系统评价

以长吉示范区 2014 年土地利用数据为基础，结合示范区的植被类型、土壤属性、地形坡度、NDVI 等数据，开展生态系统服务功能及生态敏感性评价。

示范区生态系统服务功能重要性评价主要针对水土保持、水源涵养，敏感性评价主要评价了水土流失敏感性。

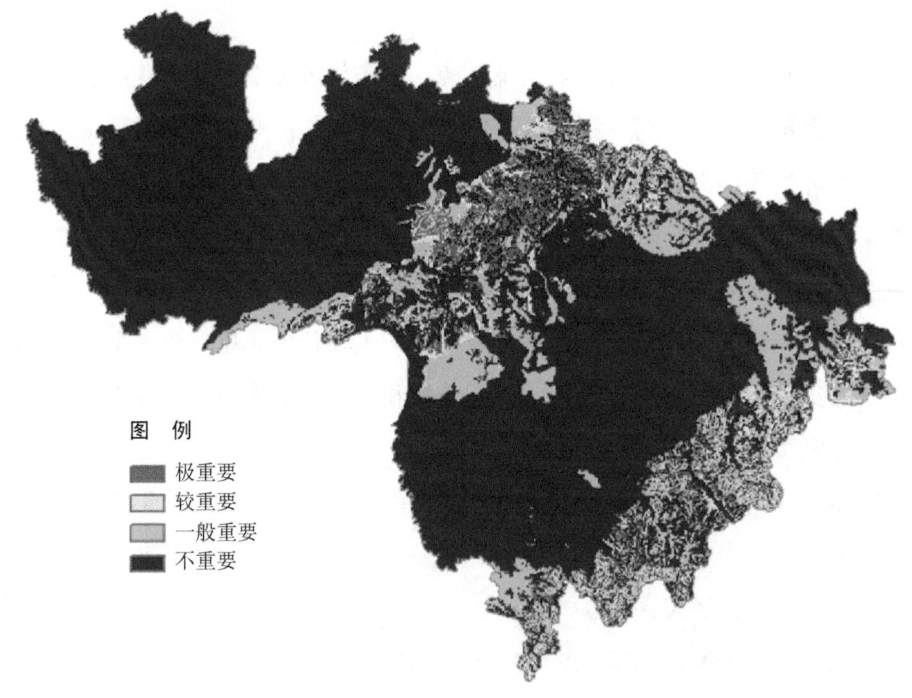

图 3-2 长吉产业创新发展示范区水土保持重要性评价

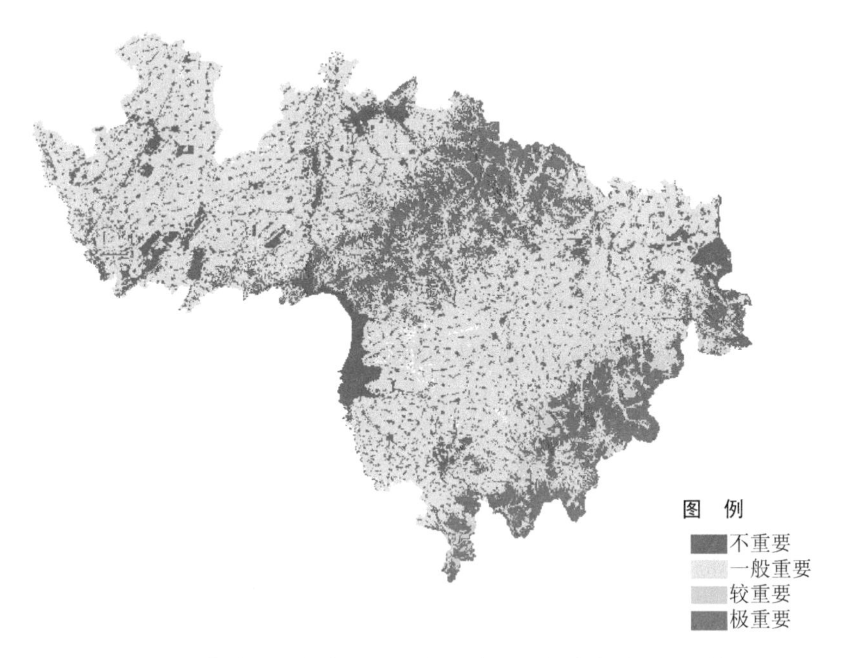

图 3-3　长吉产业创新发展示范区水源涵养功能重要性评价

图 3-4　长吉产业创新发展示范区水土流失敏感性评价

3.2.2 生态体系格局识别

基于生态环境系统评价结果，对大型自然斑块进行保护、抚育及自然修复，形成稳定区域生态格局的结构性生态控制区；通过对连绵山脉、大河干道进行维护形成连通区域，作为结构性生态控制区的生态通道；沿交通干道和经济走廊建立完善的防护体系，将人类开发活动造成的影响尽量控制在开发区范围内；精心维护各生态通道的交叉点以保持生态通道的畅通和健康，提升保护大片城镇景观中残遗的小片自然斑块，作为区域生态交流的“踏脚石”。

基于以上考虑，在示范区建成“五区、五核、十六通道、十四节点”的区域生态体系，即 5 个一级结构性生态控制区、5 处重要的城市绿核、16 条通道（包括 6 条主要的交通通道、8 条重要河流通道、2 道重要山脉）和 14 处关键节点。

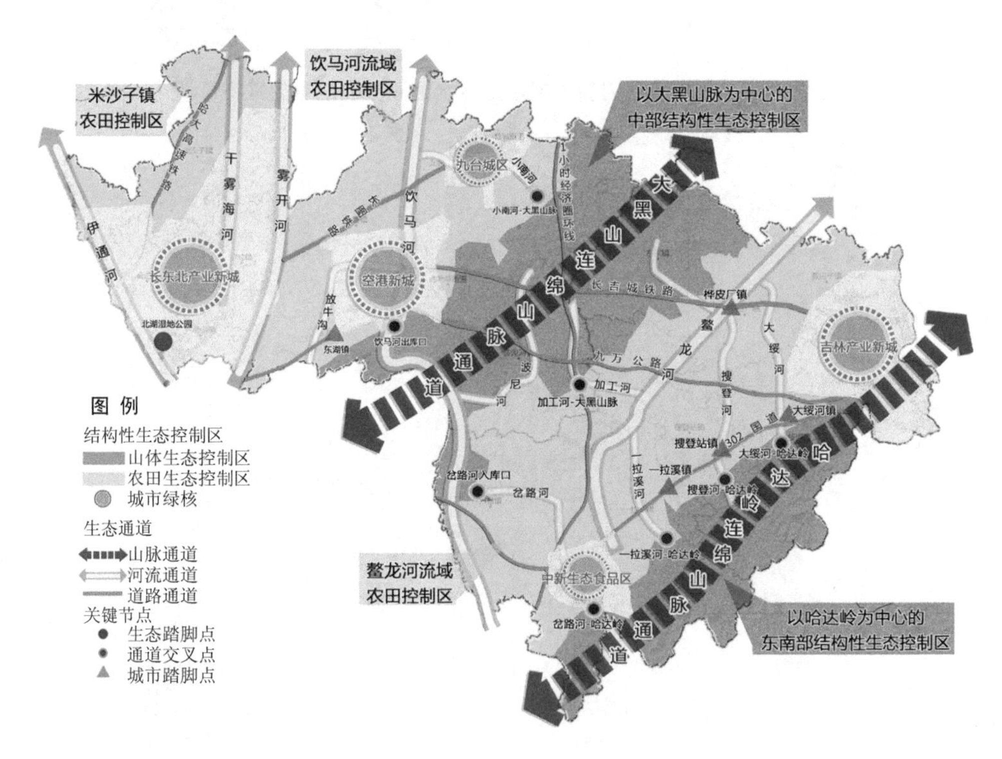

图 3-5 长吉产业创新发展示范区区域生态体系

3.2.2.1 结构性生态控制区

结构性生态控制区要求面积较大、有保护完好的核心区、生态系统自然组分比例高、人类干扰相对较低，是区域自然生境和乡土物种保留地，对区域生态系统的稳定起到“结构控制”的作用。区域内一级结构性控制区总面积为 2 765.51 km^2，具体情况如下。

（1）山体生态控制区

——以大黑山脉为中心的中部结构性生态控制区。面积约 728.58 km^2，坡度为 5°～15°。自然植被保护良好。在整个区域生态体系中，大黑山脉山区生态敏感性高、辐射作用强，是示范区重要的水源涵养地。控制区内分布着国家级水利风景区——石头口门水库，是小南河、波泥河、西营城河、赵家屯河等河流的源头区。区域内优美的森林景观、地质景观、温泉地热资源为人们提供了高质量的休闲度假环境，是示范区重要的生态旅游和度假基地。

——以哈达岭为中心的东南部结构性生态控制区。面积约 417.24 km^2，坡度为 10°～22°。自然植被保护良好。该区是示范区东南部的生态屏障区，搜登河、一拉溪河、岔路河等多条鳌龙河支流发源于此，也是示范区的重要饮用水水源地和水源涵养区。区内环境优美，旅游资源丰富，是示范区重要的生态旅游和度假基地。

（2）农田生态控制区

以示范区的农田和河流用地为主，总面积为 1 619.69 km^2。包括位于米沙子镇北部的米沙子镇农田控制区，面积约 175.63 km^2；位于示范区中部的饮马河流域农田控制区，面积约 440.64 km^2；位于示范区东部的鳌龙河流域农田控制区，面积约 1 003.42 km^2。

3.2.2.2 城市绿核

主要是分布于城镇区块内部的自然斑块，是城市内部重要的生态调节区，不仅为城市提供各种生态服务功能，对整体区域生态交流而言，也是重要的中转基地。示范区内重要的城市绿核有 5 处，总面积约 906.31 km^2。主要包括九台城区、长东北产业新城区、空港新城、吉林产业新城区、中新生态食品区内部自然斑块。

3.2.2.3 生态通道体系

人类的开发和建设使得区域大型自然斑块被侵占和分割而“四分五裂”，斑块之间的联系、流通和交换受阻。从维护区域生态体系的稳定和健康角度出发，需要根据区域的自然情况加强各斑块之间、斑块和种源之间的生态联系，这种联系功能由生态通道完成。

在示范区，控制物质、能量和生态信息交流的重要通道主要有 3 类。

（1）8 条重要河流通道

示范区主要的河流通道包括伊通河、干雾海河、雾开河、饮马河、鳌龙河、小南河、岔路河、一拉溪河。饮马河和鳌龙河干道在维护区域水资源传输和平衡、滨河地区的稳定和发展、养分的传输、生物的洄游等方面具有重要意义，构成了区域联系山区和城区的核心通道。

（2）两道主要连绵山脉通道

大黑山和哈达岭两道连绵山脉，对人类活动的阻碍作用使得周边区域保留了一些人类干扰较少的区域，这些区域沿着山脉走向整体上呈条带状分布，使得野生动物有可能沿着这些条带状区域进行迁徙和运动，同时也带着其他野生物种（如种子依附鸟类传播）通过这些带状区域进入另外的大型自然斑块。

（3）6 条主要对外交通通道

交通通道是人类发展经济的先决条件，而对区域生态保护而言则是主要的切割和干扰通道，在保证交通通道的畅通条件下，要严格控制通道对穿越区域的干扰。

在示范区，主要有以下 6 条穿越外围山体生态屏障带的交通通道，将对穿越区的大型自然斑块形成分割和破碎效应。

哈大高速铁路——哈尔滨—大连方向，穿过米沙子镇农田生态控制区；

长图铁路——长春—图们方向，穿过饮马河流域农田生态控制区；

长吉城际铁路——长春—吉林方向，穿过大黑山脉结构性生态控制区和鳌龙河流域农田生态控制区；

九万公路——长春—吉林方向，穿过米沙子镇农田生态控制区、大黑山脉结构性生态控制区和鳌龙河流域农田生态控制区；

302国道——长春—吉林方向，穿过鳌龙河流域农田生态控制区；

1小时经济圈环线——南北方向，穿过大黑山脉结构性生态控制区和鳌龙河流域农田生态控制区。

3.2.2.4 关键节点

在整个区域生态体系或景观格局中，存在一些关键的战略点，通常被称为“节点”，节点是对区域自然生态系统的稳定性和连通性具有重要意义的关键点，节点状况的改变将显著影响区域生态体系的结构或生态过程。

在长吉产业创新发展示范区，节点分为两种：物种传播和动物迁徙中转站的“踏脚石”、生物通道的交叉点。

（1）6个“踏脚石”

“踏脚石”按照性质的不同，分为“小城镇踏脚石”（5个）和“生态踏脚石”（1个）两种。“小城镇踏脚石”包括示范区的小城镇城区内部的孤立绿地（包括东湖镇、桦皮厂镇、大绥河镇、搜登站镇、一拉溪镇5个小城镇）；“生态踏脚石”包括长春北湖国家湿地公园，位于兴隆山镇，总面积 8.58 km^2，其中位于示范区的面积为 6.24 km^2。这些小规模的绿地区域都孤立分布在生态控制区外，方便动物迁徙和物种传播，这些节点都有不容忽视的作用。从人类活动和享受自然的角度出发，这些小规模的绿色斑块给人们提供了观赏、休闲、科普、走进自然、享受绿色视野的重要场所。

在“踏脚石”范围内，尽量减少人类干扰，维护其生态传输功能。长春北湖国家湿地公园需严格按照国家对于湿地公园的管理条例进行管理；城市绿地，在进行绿地系统建设时，强调优先采用本地物种，建立多物种、多层次绿地系统，丰富公园绿地系统结构。

（2）8个生态通道交叉点

生态通道的交叉点：石头口门水库的岔路河入库口和饮马河出库口，小南河、加工河与大黑山脉的出山口，土城子河、搜登河、一拉溪河、岔路河在哈达岭山区的出山口。

廊道交叉点的状态影响到两条生态廊道，故而更加敏感和重要，在经济开发、污染防治等方面需要全面考虑其生态影响。河流的交汇区受到更加复杂的自然因素影响，因而具有更加多样化的生境，在这些部位开展生态保护将取得更好的保护效果。

3.2.3 重要敏感生态功能区识别

3.2.3.1 法定保护区

（1）自然保护区

自然保护区是指有代表性的自然生态系统、珍稀濒危野生动植物物种的天然集中分布区、有特殊意义的自然遗迹等保护对象所在的陆地、陆地水体或者海域，依法划出一定面积予以特殊保护和管理的区域，包括省级自然保护区——左家自然保护区，面积 56.13 km^2。

（2）风景名胜区

风景名胜区是指具有观赏价值、文化价值或者科学价值，自然景观、人文景观比较集中，环境优美，可供人们游览或者进行科学、文化活动的区域。示范区内有省级风景名胜区——庙香山风景区，面积 162.8 km^2。

（3）湿地公园

湿地公园是指以保护湿地生态系统、合理利用湿地资源为目的，可供开展湿地保护、恢复、宣传、教育、科研、监测、生态旅游等活动的特定区域，主要为国家级、省级、市级湿地公园。示范区有国家级湿地公园——北湖湿地公园，总面积 8.58 km^2，其中位于示范区内的面积为 6.24 km^2。

（4）饮用水水源保护区

饮用水水源保护区是指为保护水源洁净，在江河、湖泊、水库、地下水源地等集中式饮用水水源一定范围划定的水域和陆域，需要加以特别保护的区域。包括城市饮用水水源一级、二级保护区，以及备用水源地等区域，示范区内有 1 处石头口门水库饮用水水源保护区，总面积 507.27 km^2，其中位于示范区的面积为 321.72 km^2。

3.2.3.2 重要洪水调蓄区

重要洪水调蓄区是指对流域性河道具有削减洪峰和蓄纳洪水功能的河流、湖泊、水库、湿地及低洼地等区域。主要包括具有洪水调蓄功能的流域性河道和区域性骨干河道、湖泊水库等区域，通过数据库识别，示范区共有 1 个大型水库（石头口门水库）、5 个中型水库（七一水库、大绥河水库、胖头沟水库、靠山水库、碾子沟水库）、4 条一级支流、63 条二级河流，总面积 105.58 km^2。

3.2.3.3 重要防护林

重要防护林是指为了保持水土、防风固沙、涵养水源、调节气候、减少污染所经营的天然林和人工林。包括水源涵养林、水土保持林、防风固沙林、农田防护林、护路林、护岸林等区域，示范区内共有各类防护林面积 599.32 km^2。

3.2.4 生态环境分区分级管控方案与管控对策

3.2.4.1 生态环境分区分级管控方案

基于示范区生态结构体系，结合重要与敏感生态功能区的保护要求，将示范区全域划分为生态环境核心管控区、生态环境重点管控区和生态环境质量维护区 3 个级别。

生态环境核心管控区主要包括示范区内省级以上自然保护区、风景名胜区、饮用水水源保护区（一级保护区）、省级以上生态公益林的一级保护区、重要洪水调蓄区、重要防护林，以及其他生态功能极重要、极敏感脆弱区域。总面积 936.5 km^2，占长吉示范区总面积的 25.2%。

生态环境重点管控区主要包括湿地公园、饮用水水源保护区（二级保护区，扣除与生态环境核心管控区重合部分）、二级支流及缓冲区、重要洪水调蓄区的缓冲区、省级以上生态公益林的二级保护区、三级保护区、区域快速路防护绿地（道路两侧各 50 m 宽），城市内部绿地，以及生态功能较重要、较敏感脆弱区域。总面积 467.2 km^2，占示范区总面积的 12.6%。

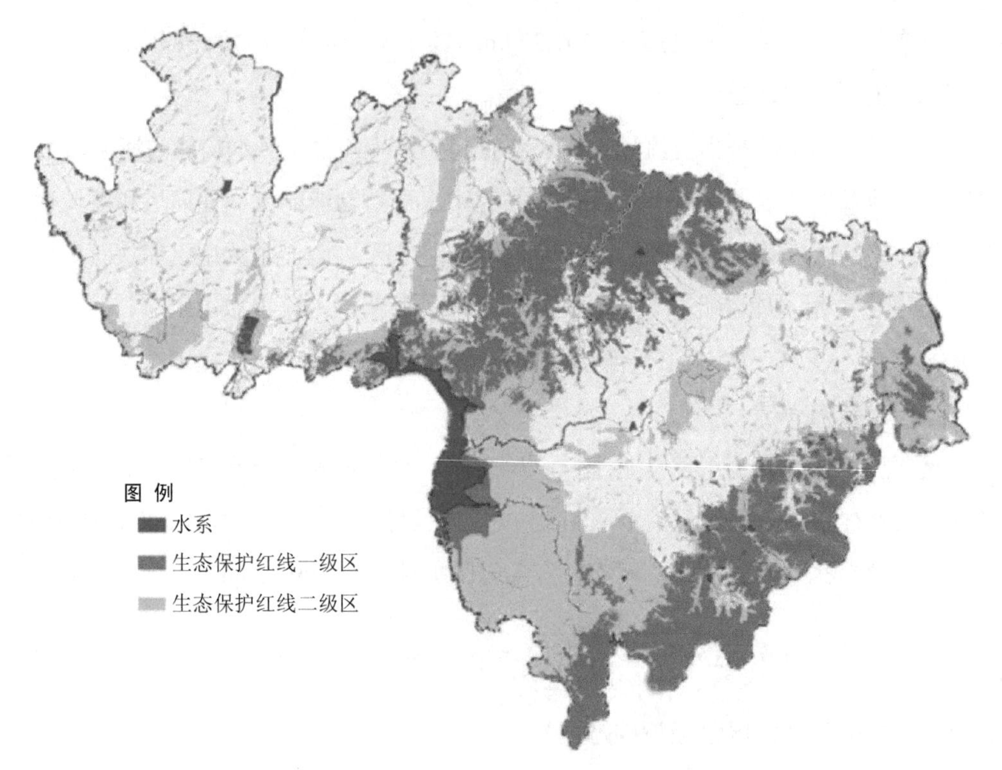

图 3-6 长吉产业创新发展示范区生态环境分区分级管控方案

生态环境质量维护区主要包括基本农田、城乡建成区、生态重要性和敏感性一般或者不重要不敏感区。总面积为 2 306.3 km^2，占示范区总面积的 62.1%。生态环境质量维护区包括农田维护区、生活优化区、重点开发区 3 种区域。农田维护区主要包括示范区基本农田，面积 1 163.2 km^2。生活优化区主要包括城乡建成区（不含城市绿地）、生态重要性和敏感性一般或者不重要不敏感区，面积为 677.5 km^2。产业优化区主要包括长吉示范区总体规划中的各功能单元及产业园区，面积 465.6 km^2。其中，生态环境核心管控区主要分布在长春市的西营城街道、土们岭镇、波泥河镇和东湖镇，吉林市的万昌镇、左家镇、岔路河镇和大绥河镇。

表 3-1　长吉产业创新发展示范区生态环境分区分级管控方案

序号	类型	基本情况	核心管控区	重点管控区	质量维护区
1	自然保护区	现有省级自然保护区 1 处	整体纳入核心管控区		
2	风景名胜区	现有国家 AAAA 级景区 1 处	整体纳入核心管控区		
3	湿地公园	现有国家级湿地公园 1 处		整体纳入重点管控区	
4	饮用水水源保护区	现有重要饮用水水源保护区 1 处	一级、二级保护区均纳入核心管控区		
5	重要洪水调蓄区		具有洪水调蓄功能的流域性河道、区域性骨干河道和重点湖库	核心管控区内河两侧绿线范围以内用地(含河道)	
6	重要防护林		水源涵养林、水土保持林、防风固沙林、农田防护林、交通干道护路林、护岸林等区域		
7	生态公益林		省级以上生态公益林的一级保护区	省级以上生态公益林的二级、三级保护区	
8	矿产资源禁采区		长春市矿产开发利用规划中的矿产资源禁采区		
9	基本农田				扣除基本农田中与核心、重点管控区重合的部分，其余均纳入农业维护区
10	城乡建成区			城乡建设区内部的主要城市绿地	城乡建设区（除内部的主要城市绿地）

3.2.4.2 分区分级管控措施

——生态环境核心管控区

实施强制保护，禁止大规模的城镇建设、工业生产和矿产资源开发等改变区域生态系统现状的生产经营活动。自然保护区、森林公园、风景名胜区、饮用水水源地保护区等法定保护区，按照相关保护管理法律和规章制度，实施严格管理。其他生态极重要、极敏感、极脆弱区，禁止新建、扩建工业项目，禁止新建露天采矿等生态破坏严重的项目，禁止新建规模化畜禽养殖场。现有工业企业、矿山开发、规模化畜禽养殖场要逐步减少规模，降低污染物排放量，逐步退出，场地实施生态恢复。

——生态环境重点管控区

实施有条件限制性开发，避免大规模开发，开发活动不得影响主导生态环境服务功能。区内禁止建设大规模废水排放项目和排放含有毒有害物质的废水项目，工业废水不得向该区域排放。区内现有村庄实施污水与垃圾无害化处理。

——生态环境质量维护区

农田维护区是示范区重要的农产品产区，区域内应严格按照国家和吉林省对基本农田的保护政策，对区内基本农田进行管理，保障农田用地的生态完整性，加强农田防护林体系建设，建设农田绿色生态隔离带，防止周边建设活动侵占农田。

生活优化区是示范区城乡建设的重点区域，区域城乡建设发展应注意环境品质提升，坚持集约发展，实现土地高效利用，实施具有针对性的环境治理措施，全面提升建成区的生活环境品质，构建“视觉绿廊”“亲水空间”“生活绿道”等城区生态元素，全面建设生态城区。

产业优化区是示范区的产业经济发展核心区和经济增长极，承担着区域的生产功能。产业优化区应坚持“先规划后开发，先评估后建设”的原则，适当提高产业准入门槛，限制造纸、农药等严重污染企业建设，禁止新建“三高”企业，限制周边区域矿山开发，禁止造成严重环境污染与景观破坏的开发活动，尽可能降低工程开发对生态环境的破坏。

第4章

基于生态空间识别的生态环境评价与空间管控研究

4.1 生态空间识别

4.1.1 生态空间初步识别

本书中，生态空间包括重点生态功能区、生态敏感区、生态脆弱区、生物多样性保护优先区和自然保护区等法定禁止开发区域，以及其他对于维持生态系统结构和功能具有重要意义的区域。在中共中央办公厅、国务院办公厅印发的《关于划定并严守生态保护红线的若干意见》中，明确提出生态空间指具有自然属性、以提供生态服务或生态产品为主体功能的国土空间，包括森林、草原、湿地、河流、湖泊、滩涂、岸线、海洋、荒地、荒漠、戈壁、冰川、高山冻原、无居民海岛等。

根据现状土地利用覆被类型，示范区内有一定数量的生态资源分布，在示范区内部主要分布两个生态带。将林地、草地、水源、滩涂、沟渠、沙地、裸地等未利用地划入生态空间，占比 25.1%。将耕地、园地、设施农用地、农田水利用地等以提供农业产品为主的用地划入农业空间，是占比最大的用地类型，占比 63.4%。现有城镇建设呈零星、点状分布，城市建设处于初级开发阶段。

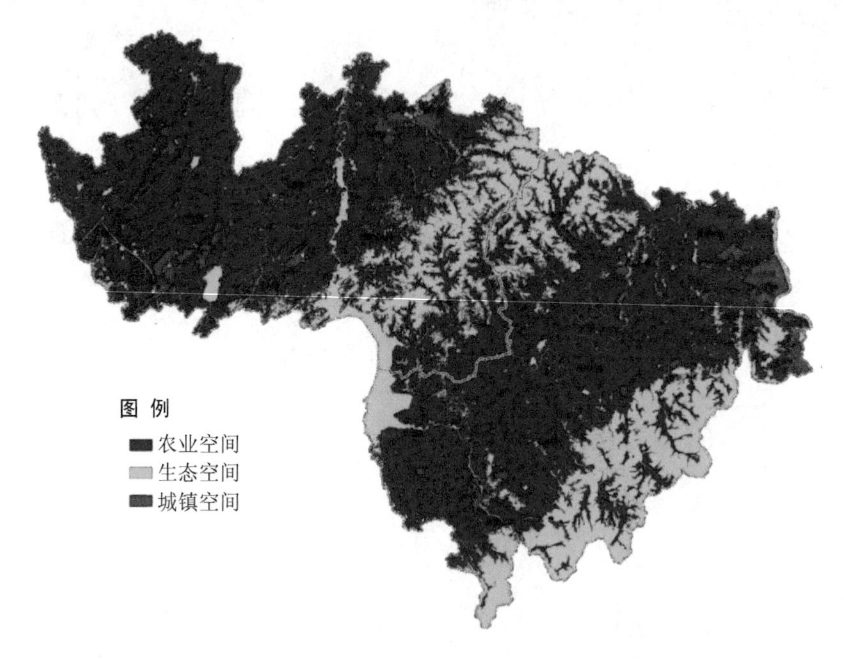

图 4-1 长吉产业创新发展示范区现状生态用地分布

表 4-1 长吉产业创新发展示范区现状农业、生态、城镇空间用地汇总

类型	内容	面积/km^2	比例/%
农业空间	耕地、园地、设施农用地、农田水利用地	2 328.6	63.4
生态空间	林地、草地、水域、滩涂、沟渠、沙地、裸地等未利用地	920.3	25.1
城镇空间	城市、城镇、村庄、采矿用地等居民点用地、交通用地	422.0	11.5

4.1.2 生态空间评价

根据农业、生态、城镇三类空间占比特征，按照 10%、60%、100%进行迭代运

算，确定 5 km×5 km 单位对小评价单元划分为 19 类评价类型，评价长吉示范区范围内各空间类型占比情况。经评价，示范区范围内以农业功能为主导的空间占主要类型，空间分布主要在示范区西部平原地区，以及吉林市范围内较平坦的区域。生态空间以中部大黑山余脉山体、东部吉林市的哈达岭山体等区域，生态空间分布相对比较集中，中间夹杂部分农业空间。城镇空间主要分布在长春市的东北部以及吉林市区西部的部分区域。

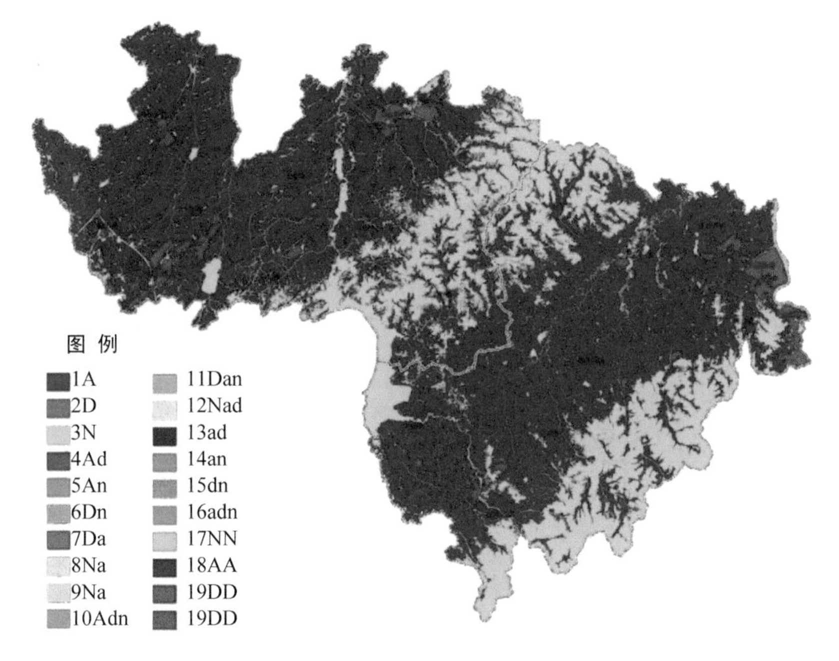

图 4-2　长吉产业创新发展示范区农业、生态、城镇空间用地评价

示范区范围内，以 AA、DD、NN 为代表的用地类型占比最显著，以复合功能为主的灰度用地占比最小，不足 2%。表明在长吉示范区范围内，现状用地格局和结构比较明显、单一，城镇、农业、生态 3 个分区之间的用地界线比较清晰，用地景观类型之间交互影响的区域很少。在长吉示范区范围内，以农业功能主导的空间占比最大，占总用地的 62.61%，其次为生态功能为主的空间，占比 24.40%，最后为城镇功能为主的空间，占比 11.03%。

表 4-2 长吉产业创新发展示范区农业、生态、城镇空间用地评价汇总

	编号	代码	类型	面积/km²	比例/%
农业功能主导空间	1	A	农业	56.97	1.55
	4	Ad	农业+城镇	55.77	1.52
	5	An	农业+生态	85.67	2.33
	10	Adn	农业+城镇+生态	0.58	0.02
	18	AA	农业	2 099.26	57.19
		小计		2 298.26	62.61
城镇功能主导空间	2	D	城镇	23.88	0.65
	6	Dn	城镇+生态	12.40	0.34
	7	Da	城镇+农业	50.96	1.39
	11	Dan	城镇+农业+生态	0.53	0.01
	19	DD	城镇	316.94	8.63
		小计		404.71	11.03
生态功能主导空间	3	N	生态	33.90	0.92
	8	Na	生态+农业	81.72	2.23
	9	Nd	生态+城镇	12.28	0.33
	12	Nad	生态+农业+城镇	0.62	0.02
	17	NN	生态	767.18	20.90
		小计		895.70	24.40
复合功能	13	ad	农业+城镇	24.07	0.66
	14	an	农业+生态	38.76	1.06
	15	dn	城镇+生态	5.71	0.16
	16	and	农业+城镇+生态	3.32	0.09
		小计		71.86	1.96
		合计		3 670.53	100.00

注：大写字母表示所占类型至少 60%，不到 100%；小写字母表示至少 10%，但小于 60%。

与现状城镇、生态、农业空间利用相比，城镇、生态、农业空间评价以及核心用地均有一定数量的下降，除以农业、生态、城镇功能为主的空间，还有一些复合

功能定位的用地。完全以农业、生态、城镇为功能的核心用地占 86.72%，约有 13%的用地具有多种用地功能。

表 4-3　长吉产业创新发展示范区三区用地对比汇总

	现状		评价		核心用地	
	面积/km^2	比例/%	面积/km^2	比例/%	面积/km^2	比例/%
农业主导空间	2 328.6	63.4	2 298.26	62.61	2 099.26	57.19
生态主导空间	920.3	25.1	895.70	24.40	767.18	20.90
城镇主导空间	422.0	11.5	404.71	11.03	316.94	8.63
合计	3 670.9	100	3 598.67	98.04	3 183.38	86.72

4.1.3　重要生态空间识别

图 4-3　长吉产业创新发展示范区重要生态空间分布

将用地功能为 N、Na、Nd、Nad、NN 的生态空间作为示范区重要生态空间，主要分布在中部大黑山、东北哈达岭及范围内的饮马河、伊通河、卡伦湖、石头口门水库等区域。现状生态空间分布相对比较集中，中部及东部的生态空间整体保护较好，中部生态空间除有高速公路、铁路等造成生态分割外，生态斑块保持自然状态。

4.2 基于生态空间识别的生态环境空间管控方案

结合吉林省、长春市、吉林市生态保护红线划定方案，提出示范区建议生态保护划定。根据生态功能重要性特征，将生态保护红线分为两个级别。

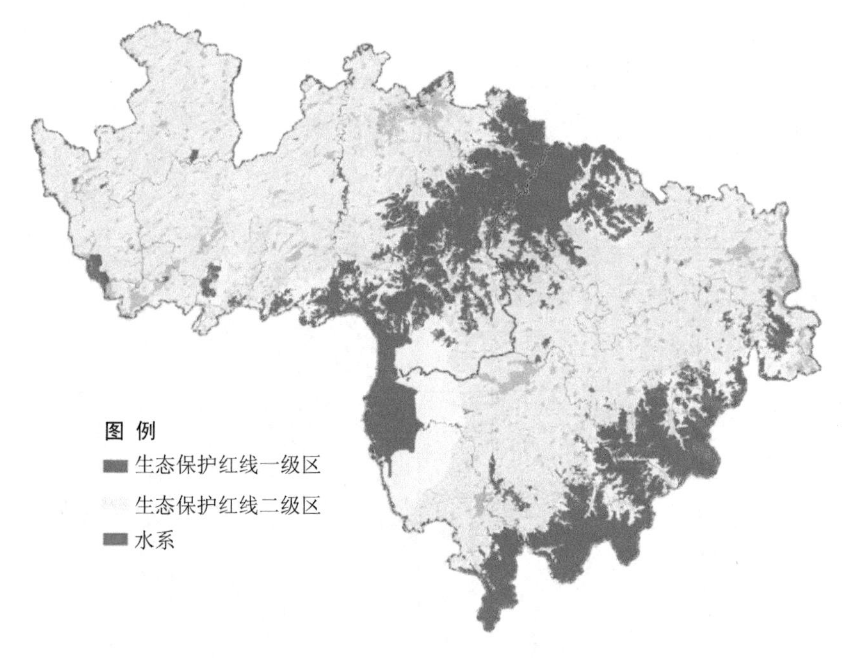

图 4-4 长吉产业创新发展示范区生态保护红线管控

一级管控区包括省级以上自然保护区、风景名胜区、饮用水水源一级保护区、省级以上生态公益林的一级保护区、重要洪水调蓄区、重要防护林以及其他生态功能极重要、极敏感脆弱区域，一级管控区面积 935.6 km^2，占比 25.2%。

二级管控区包括湿地公园、饮用水水源二级保护区、二级支流及缓冲区、重要洪水调蓄区的缓冲区、省级以上生态公益林的二级、三级保护区、区域快速路防护绿地、城市内部绿地，以及生态功能较重要、较敏感脆弱区域。二级管控区面积 439.6 km^2，占比 11.8%。

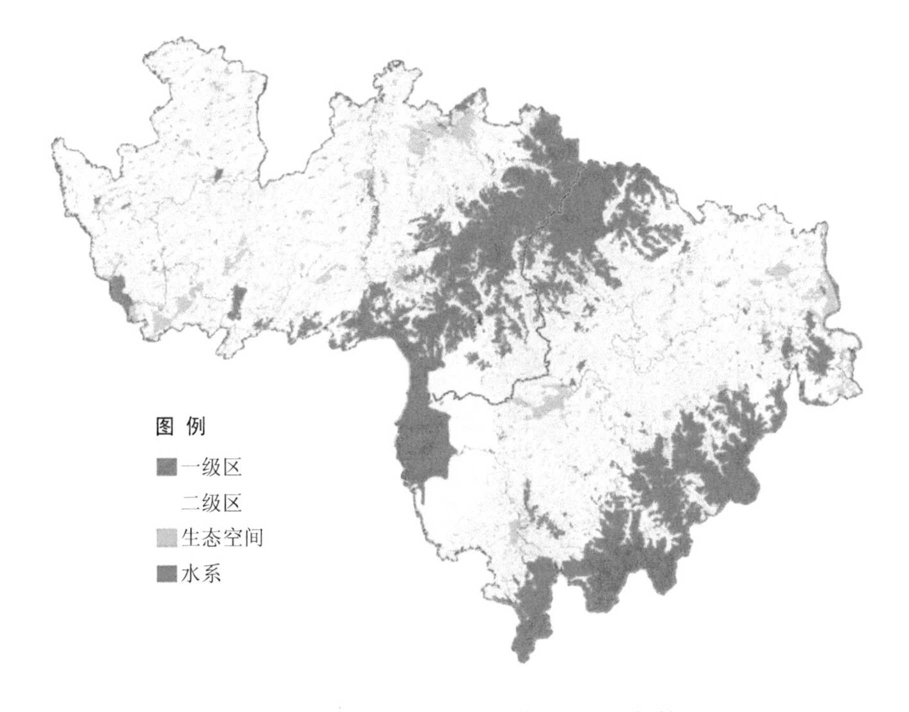

图 4-5　长吉产业创新发展示范区生态空间管控

将基于图论方法识别的生态空间与生态保护红线进行空间叠合，建立生态空间保护体系。生态空间实施三级管控，一级区即生态保护红线一级管控区，二级区即生态保护红线二级管区，三级区为图论方法识别的生态空间用地。图论方法识别的生态空间与生态系统评价方法确定的生态空间存在较大重叠。扣除重叠区域，生态空间管控面积约占示范区面积的 39.7%。

表 4-4　长吉产业创新发展示范区生态空间管控汇总表

类型		面积/km²	比例/%
一级区		935.6	25.2
二级区		439.6	11.8
三级区	评价	895.7	24.4
	扣除重合	98.8	2.7
合计（不计重复）		1 474.0	39.7

4.3　生态环境空间管控方案在城市建设中的应用

将生态空间管控方案与示范区土地利用规划图进行叠合，生态空间与土地利用类型在空间上具有较好的协调性。石头口门水库、卡伦湖、北湖湿地、大黑山、哈达岭、饮马河、伊通河等核心生态资源均未被占用。

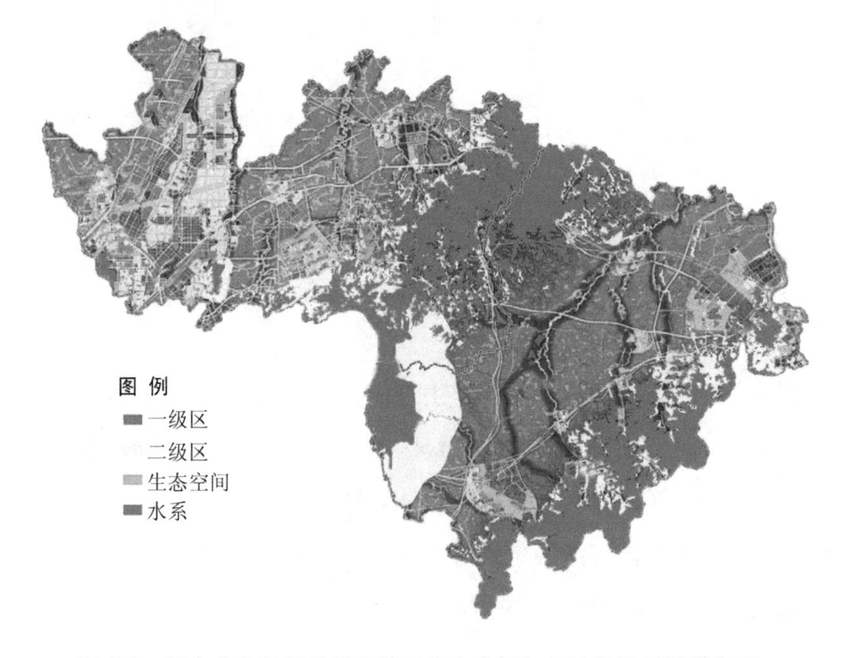

图 4-6　长吉产业创新发展示范区生态空间与土地利用规划叠合图

城市建设与生态空间矛盾相对集中区域主要有以下几个区域。

（1）北湖湿地片区

北湖湿地周边用地中有大量的商业用地与居住用地。北湖湿地作为国家级湿地公园，其保护与利用应符合相关规划。建议调整土地利用类型，减少开发强度，保护北湖优质湿地资源。

（a）示范区土地利用规划

（b）示范区生态空间分布

图4-7 北湖湿地空间布局方案对比图

（2）卡伦湖湿地片区

卡伦湖湿地在土地利用布局中主体湿地部分保持完整，但卡伦湖西北部紧邻规划的城市建设用地，外部缓冲区受到部分侵占。建议卡伦湖西部及北部的城市建设用地适当后退，保持卡伦湖湿地资源不受侵占。

（3）西营城片区

西营城周边紧邻大黑山余脉，南部有庙香山风景名胜区，西部紧邻饮马河，自然资源丰富。根据规划的土地利用方案，西营城街道建设用地边界紧邻饮马河，根据生态系统评价结果，建议饮马河预留合适的生态廊道，规划建设用地边界建议适当后退。

紧邻庙香山的建设区域，建议适当减少建设用地规模，减少生态资源的占用。

（a）示范区土地利用规划　　（b）示范区生态空间分布

图 4-8　卡伦湖湿地空间布局方案对比

（a）示范区土地利用规划　　（b）示范区生态空间分布

图 4-9　西营城周边空间布局方案对比

第5章

基于分区分级的大气环境评价研究及应用探索

5.1 大气环境分区分级管控思路与技术路线

大气环境系统受大气环流、地形等因素影响，对于相同参数的污染源，布设在不同的区域，对大气环境的影响范围和程度具有显著差异性，对大气环境影响范围与程度越高，污染排放的布局敏感性越大；在污染扩散过程中，有些区域容易造成大气污染物的集聚，具有一定的污染聚集敏感性；在对受体的影响上，在人口密度聚集区、一类大气环境功能区等布设大气污染源所带来的环境影响相对较大，具有一定的受体敏感性。大气环境系统评价即依据污染物排放布局敏感性、污染物聚集脆弱性和污染受体重要性评价，结合行政区划、地形地貌等因素，将区域划分为大气环境核心管控区、重点管控区和一般管控区，实行分区分级管理，指引区域产业布局。

评价采用 WRF+CALMET+CALPUFF 气象与空气质量模型耦合技术，从 3 个方面对示范区大气环境敏感性空间格局进行解析：一是指导未来污染源合理布局，开展布局敏感性分析，识别和划分污染源布局敏感区域；二是指导城市空间扩张模式，进行污染物聚集区脆弱性分析，识别和划分污染物易聚集地区；三是保护人体健康等重要目标，进行受体敏感性分析，基于人口密度、环境功能区划等社会经济要素识别和划分敏感的环境受体。

其中，大气环境布局敏感性分析：假定每个网格排放等量污染物情况下，逐一模拟每个网格或区块单位污染物排放对空气质量的影响范围和程度。网格或区块对空气质量影响越大，其空间布局敏感性越大。

大气环境聚集脆弱性分析：假定所有网格同时排放等量污染物情况下，模拟污染物浓度的空间分布情况。污染物浓度较高地区则为不易扩散或易聚集地区，聚集敏感性也越大。

大气环境受体重要性分析：主要分析现状人口密集区和规划划定的一类大气环境功能区，自身条件较为脆弱，受体重要性较高。

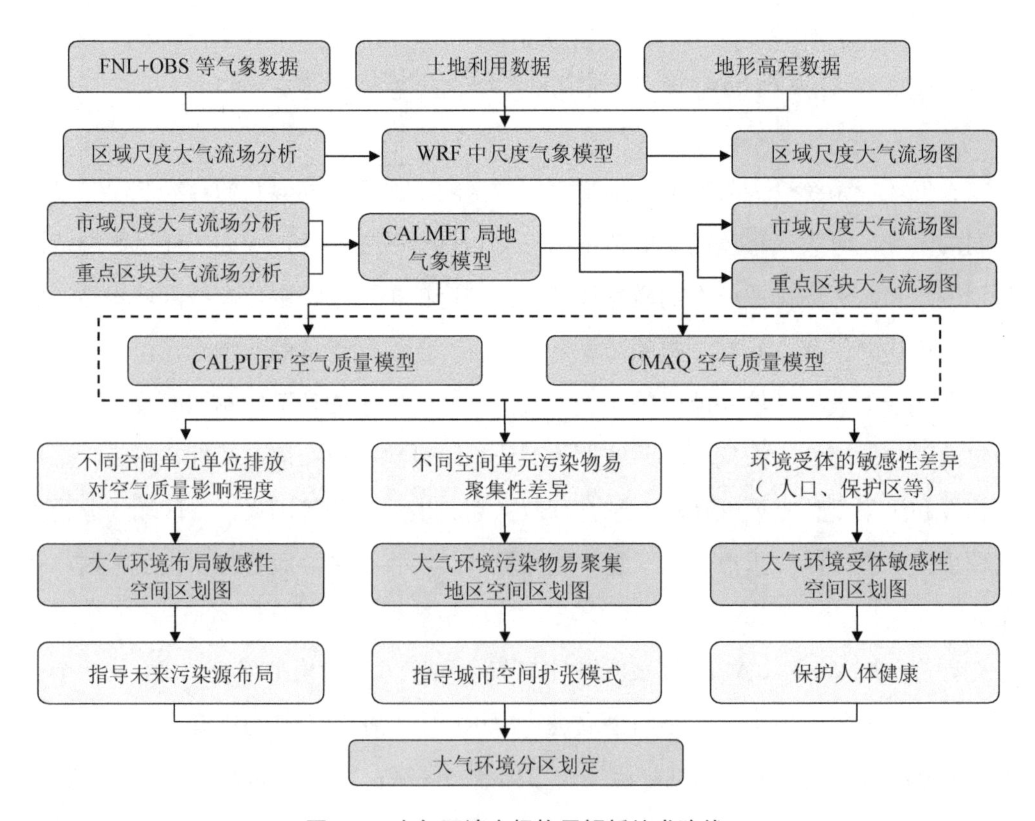

图 5-1 大气环境空间格局解析技术路线

5.2　大气环境系统解析与分区分级管控

5.2.1　大气流场特征解析

采用 WRF+CALMET 气象模型，结合气象观测数据、土地利用数据和地形高程数据，模拟分析示范区三维气象场。考虑到长吉区域空间差异性，采用 WRF 模型模拟了长吉区域 3 km 分辨率的风场；以其为基础，结合示范区高精度地形数据，利用 CALMET 模拟了示范区 1 km 分辨率的风场。

（1）区域整体以西南气流为主，与长春城区空气交流显著

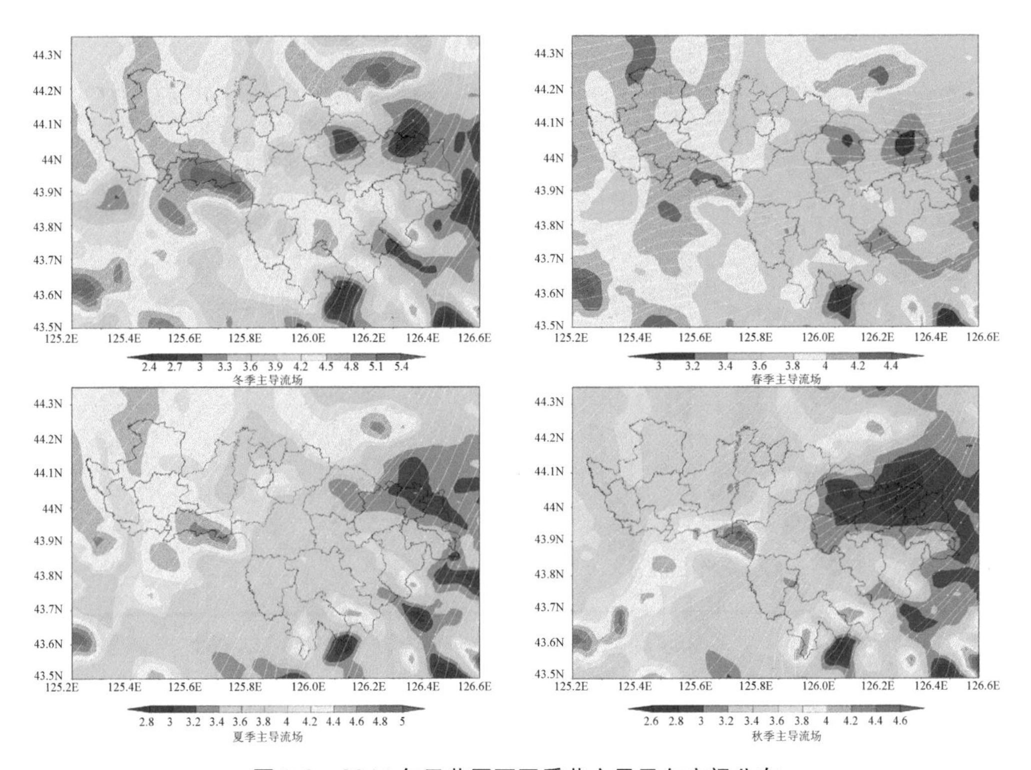

图 5-2　2014 年示范区不同季节主导风向空间分布

示范区地形较为平坦，周边区域呈现南高北低的特点，海拔介于 200～300 m，中部坐落有东北—西南走向的大黑山山脉，风场整体受区域大气环流和地形制约的双重影响，近地流场常年以西南风为主，局地气旋式分布不明显，大气整体扩散条件较好。因西南主导风向影响，示范区明显受到上风向长春市污染传输的影响。

（2）大气混合层高度季节差异较大，冬季扩散能力较弱

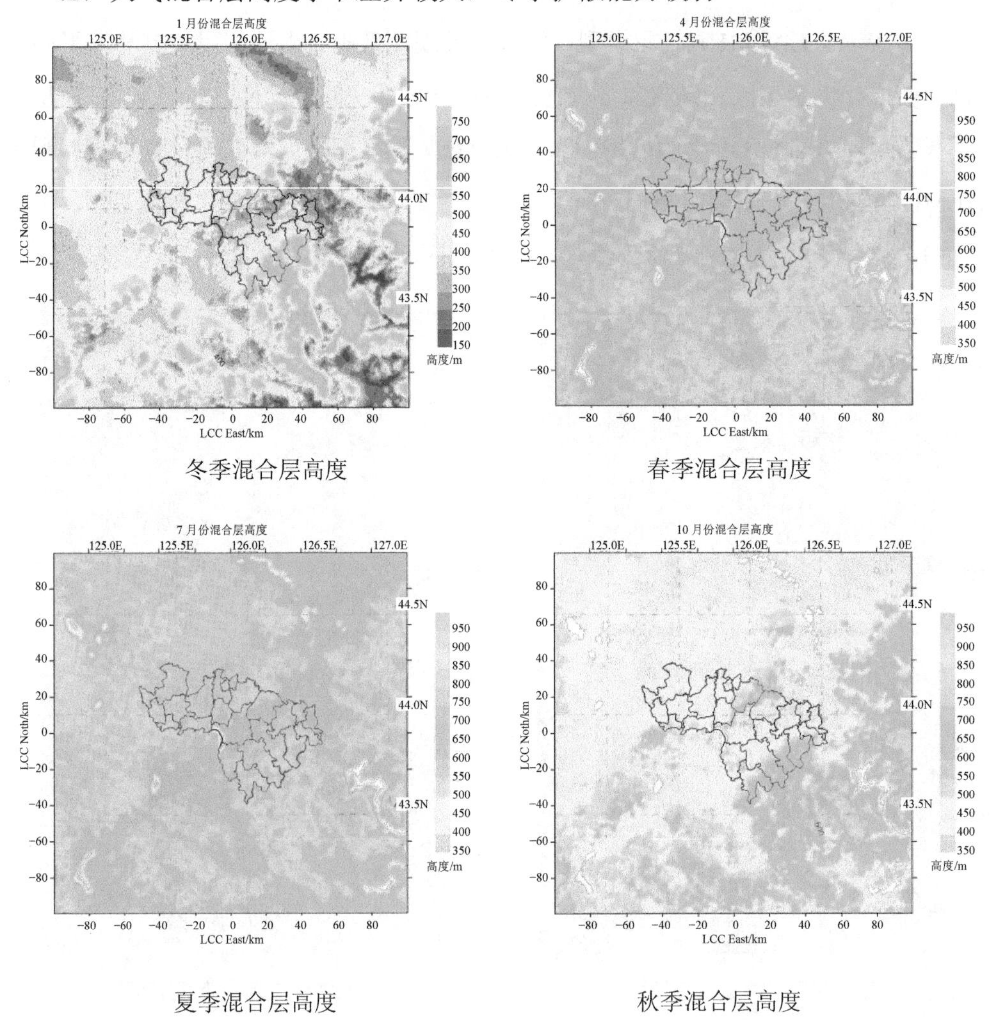

图 5-3 不同季节大气混合层高度空间分布

大气混合层高度是近地层大气湍流交换的主要场所，也是地表大气最主要的组成部分，具有分散污染物的作用。因此，混合层高度限制了污染物垂直扩散的范围，是大气数值模式和大气环境评价的重要物理参数之一。2014 年示范区 WRF 数值模拟结果显示，其春季和夏季的边界层高度平均在 600 m 以上，而秋季和冬季平均约为 400 m。

5.2.2　污染布局敏感性区识别

将示范区划分为 1.5 km×1.5 km 的规则矩形网格共计 1 619 个，在每个网格中心布设一个虚拟点源，假设每个网格污染物排放量相同（污染物为一次稳态气态污染物 SO_2，每个源排放量为 100 t/a），用 CALPUFF 空气质量模型逐个模拟每个网格单位污染物排放对空气质量的影响范围和程度，依据其影响范围和程度定量分析污染源空间布局的敏感性。在等量排放污染物的情况下，网格对空气质量影响越大，其空间布局敏感性越大。

图 5-4　长吉产业创新发展示范区 1 619 个虚拟污染点源布局示意图

依据各网格污染物排放的影响范围和影响强度定量分析每个网格单元布局污染源的敏感性，在排放等量污染物的情况下，识别各网格对区域平均浓度贡献差异特征。

依据源头布局敏感性的不同进行分区分级，将示范区源头布局划分为极敏感区、较敏感区和一般区。极敏感区主要集中在长东北产业新城区、空港新城、九台区等建成区及各上风向地区，石头口门水库、大黑山、哈达山等区域通风口及通风廊道，面积约 216.93 km^2，占示范区面积的 5.85%左右；较敏感区集中在极敏感区外围区域，面积约 538.96 km^2，占示范区面积的 14.53%左右；除上述两线区外的其余地区为一般区，面积约 2 954.11 km^2，占示范区面积的 79.63%左右。

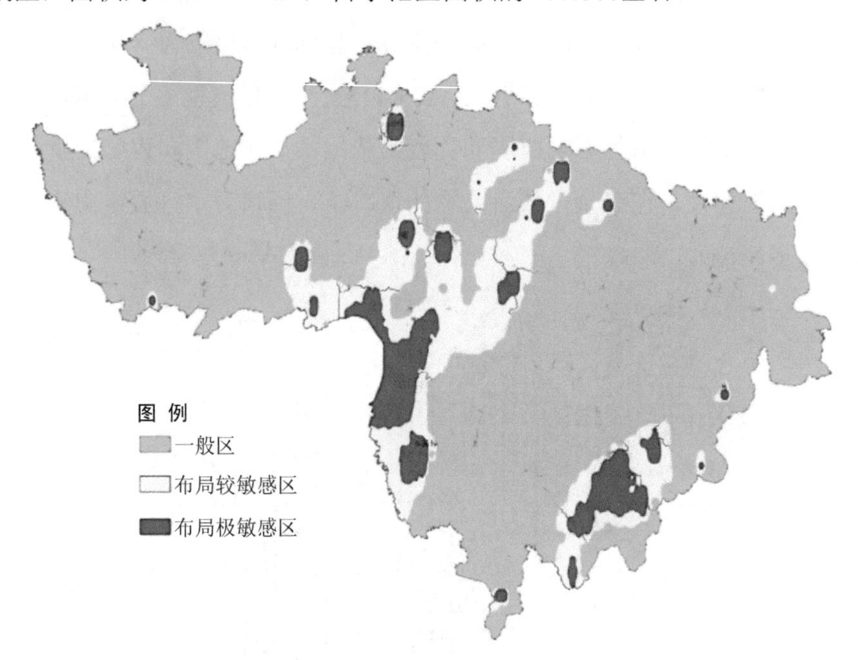

图 5-5　长吉产业创新发展示范区布局敏感性评价

表 5-1　长吉产业示范区布局敏感性分区分级标准与分级情况

敏感性分级别	极敏感区	较敏感区	一般区
影响强度/（μg/m^3）	高于 0.03	低于 0.03，高于 0.02	低于 0.02
面积/km^2	216.93	538.96	2 954.11
占示范区面积比例/%	5.85	14.53	79.63

5.2.3　污染聚集脆弱区识别

假定1 619个虚拟污染点源同时排放等量污染物，利用CALPUFF空气质量模型，模拟所有网格同时排放时的污染物浓度分布。污染物浓度较高地区为不易扩散或易聚集地区，污染物浓度越高，则该地区聚集脆弱性越大。

依据污染聚集敏感性评价结果，将示范区污染聚集划分为聚集极脆弱区、聚集较脆弱区和一般区。极脆弱区主要集中于吉林市经开区北部，昌邑区左家镇西南部、左家镇和桦皮厂镇交界地区、鳌龙河流经搜登站镇区域，面积约为 182.56 km^2，占示范区总面积的 4.92%。较脆弱区集中在极脆弱区外围，主要分布于昌邑县左家镇、桦皮厂镇、孤店子镇，面积约为 539.28 km^2，占示范区面积的 14.54%。

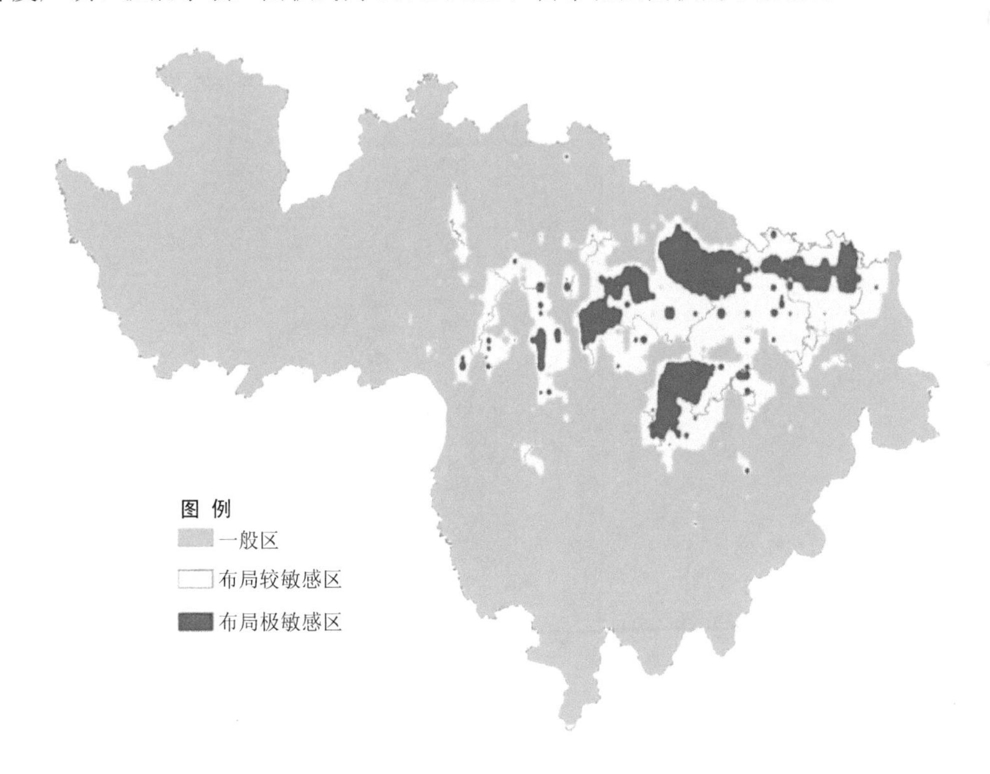

图 5-6　示范区大气环境聚集脆弱性空间区划

表 5-2 聚集脆弱性分区分级标准

脆弱性分级别	极脆弱区	较脆弱区	一般区
影响强度/（μg/m^3）	高于 35	低于 35，高于 30	低于 30
面积/km^2	182.56	539.28	2 988.16
占示范区面积比例/%	4.92	14.54	80.54

5.2.4 受体重要性识别

基于《环境空气质量标准》（GB 3095—2012）提出的环境质量目标要求，结合人口密度、区域定位等对空气质量基本要求的差异性，识别和划分大气环境受体重要区。示范区大气环境受体重要区包括示范区内主要人口聚集区域。其中，大气环境受体极重要区包括左家自然保护区、庙香山风景名胜区等需要特殊保护的区域；较重要区包括示范区城市建成区和人口聚集区。

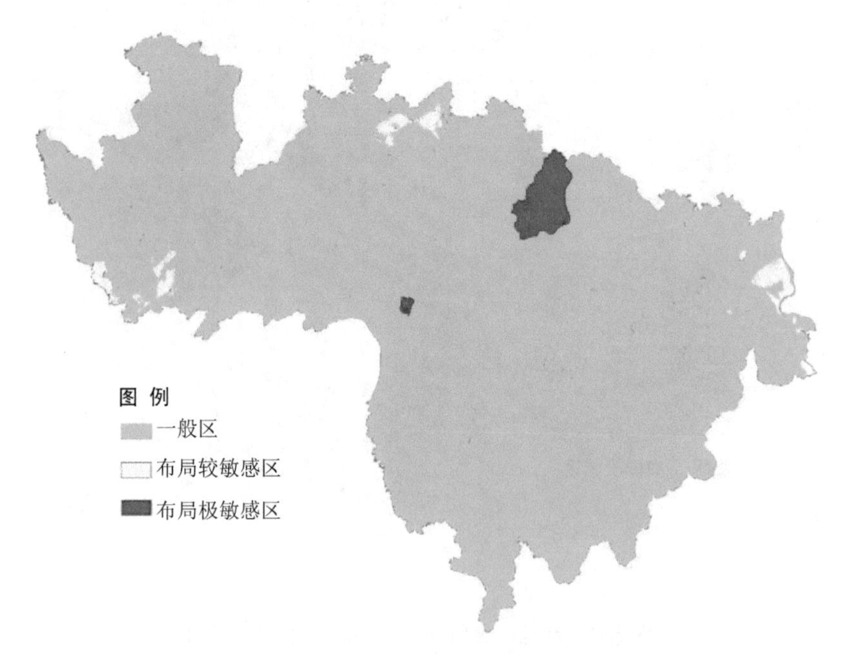

图 5-7 示范区大气环境受体重要性空间区划图

表 5-3　受体重要性色分区分级标准

敏感性分级别	极重要区	较重要区	一般区
划分依据	大气环境功能一类区	城市建成区及人口密集区	其他区域
面积/km^2	66.06	55.02	3 588.92
占示范区面积比例/%	1.78	1.48	96.74

5.2.5　大气环境分区分级管控方案与管理对策

结合大气环境布局敏感区、污染聚集区以及受体重要区分级结果，将受体极重要区划定为大气环境核心管控区，将布局敏感区的极敏感与较敏感区、聚集脆弱区的极脆弱与较脆弱区划定为大气环境重点管控区，其他区域划定为大气环境质量维护区。

——大气环境核心管控区。包括左家自然保护区、庙香山风景名胜区等需要特殊保护的区域，面积约 66.06 km^2，占示范区面积的 1.78%。大气环境核心管控区实施严格的保护。禁止新建、改建、扩建涉及大气污染物排放项目，对现有工业大气污染源（燃煤锅炉、工业炉窑等）责令关停或实施搬迁；禁止使用《关于划分高污染燃料的规定》（环发〔2001〕37 号）中规定的重污染燃料，禁止秸秆野外焚烧；禁止在自然保护区核心区、缓冲区建设与保护环境无关的建设项目，禁止在实验区建设各类工业项目；禁止交通干线穿越自然保护区核心区、缓冲区，尽量避免穿越实验区；加强实验区、旅游区等区域内餐饮、旅游、商贸等项目的环境管理，餐饮业及居民要使用天然气、液化石油气、生物酒精等清洁能源。

——大气环境重点管控区。包括示范区建成区及人口聚集区、主导风向上风向等布局敏感性区域和示范区内山谷、盆地等聚集脆弱区域，面积约 548.20 km^2，占示范区面积的 14.78%。大气环境重点管控区实施严格的环境准入和环境管理措施，禁止新建、改建、扩建除热电联产以外的煤电、石化、化工、建材、冶金、冶炼等高污染项目，禁止新建 20 蒸吨/小时以下的燃煤、重油、渣油锅炉及直接燃用生物质锅炉；新建 20 蒸吨/小时以上燃煤锅炉，达到天然气燃气锅炉排放标准，并实行区域内现役源 2 倍量削减量替代；新建其他项目，严格控制挥发性有机物、氨等污染物的排放。

——大气环境质量维护区。包括除大气环境核心、重点管控区外的其他区域，面积约 3 095.74 km^2，占示范区面积的 83.44%。该区域属于重点开发区域。大气环境质量维护区应强化对现有涉气工业、企业加强监督管理和执法检查，定期开展清洁生产审核，逐渐降低企业能耗与排污强度，提高运行效率；新建、改建、扩建项目，满足产业准入、总量控制、排放标准等管理制度要求的前提下，推进工业项目进园、集约高效发展。

图 5-8 长吉产业创新发展示范区大气环境分区分级管控

5.3　大气清风廊道构建

在大气环境系统解析过程中我们发现，示范区存在构建大气通风廊道较好的先天自然条件。一是区域整体扩散条件较好，且存在区域温差；二是主导风向与大黑山脉、哈达岭山脉走向，以及饮马河等 5 条主干河流流向基本平行；三是范区湖泊、水库等冷源多处于主导风向的上风向。这些因素的叠加，为大气通风创造优越的先天性条件。因此，考虑通过设计示范区大气清风廊道，加大示范区的空气流通度，辅助改善提升区域大气环境质量。

5.3.1　大气清风廊道构建思路

根据示范区局地环流规律，在清风廊道构建过程中将示范区划分为作用空间和补偿空间，清风廊道起到连通作用空间和补偿空间的作用。其中，存在热污染或空气污染的建成区及待建区域称为作用空间；城市热岛分析过程中冷空气或清洁空气的生成区，为气候生态补偿空间（以下简称“补偿空间”）。作用空间中的热污染与空气污染通过与补偿空间的空气进行交换得以缓解。

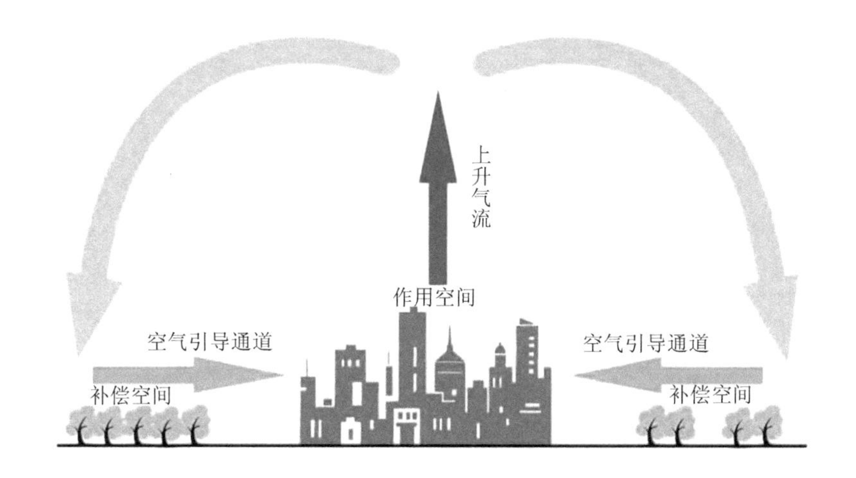

图 5-9　城市清风廊道理论示意图

5.3.2 区域风场

区域气象模拟结果显示，示范区内主要存在东部山谷和西部山谷两处较大的风场显著区，均以西南风为主；西部山谷内气流流经长春市区后进入示范区内，最终在九台区城区附近流出示范区；东部山谷内风场沿鳌龙河顺流而下。石头口门水库作为示范区内“上风上水”区域，水库周边气流分两个支流向两个山谷。除此之外，示范区还存在微弱的沿大黑山和哈达岭的下山气流。

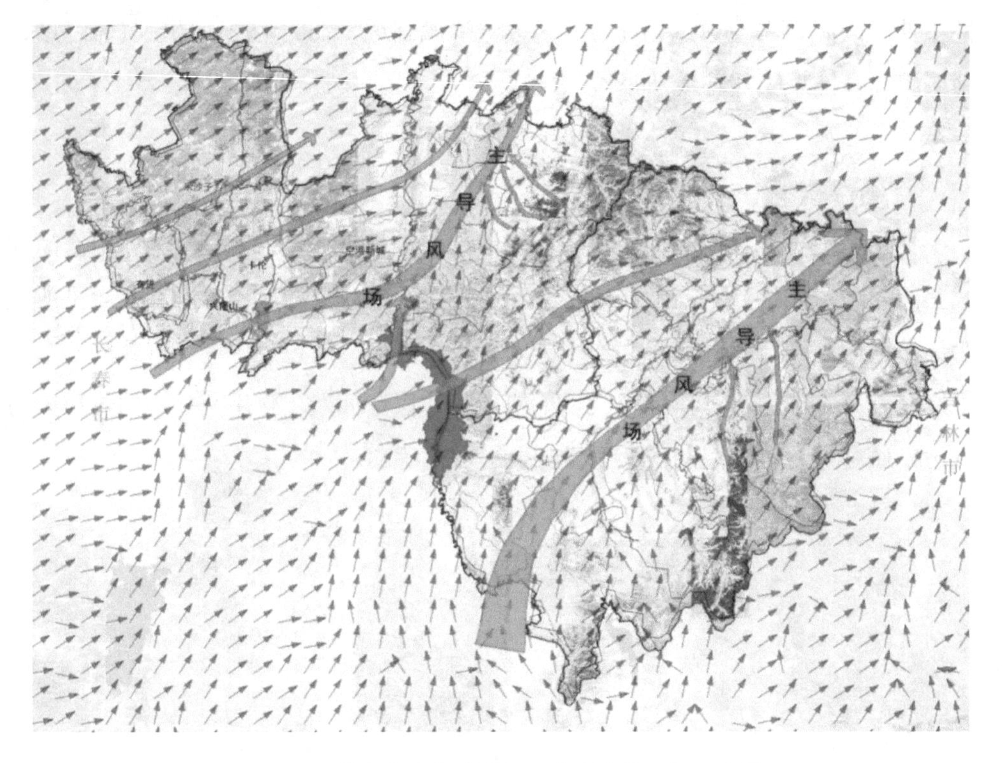

图 5-10 长吉产业创新发展示范区主导风场示意图

5.3.3 作用空间识别

作用空间主要是指现有建设区域或规划待建区域中，由于建设物空间上布局无序集中，导致通风能力较差，城市大气污染明显，热岛效应突出的区域。

由于示范区内气象站点和气象数据有限，为精确地分析示范区近年来城市建设的强度和建设范围，项目使用 Landsat 系列卫星影像反演地表温度情况。反演结果显示：2000 年以来，示范区建设用地不断扩张，2002 年左右示范区内多数仍为农田区域，零星分布农村建设区；至 2014 年，已经出现大片的建设集中区，城市建设区的范围也逐步与长春市连为一体。

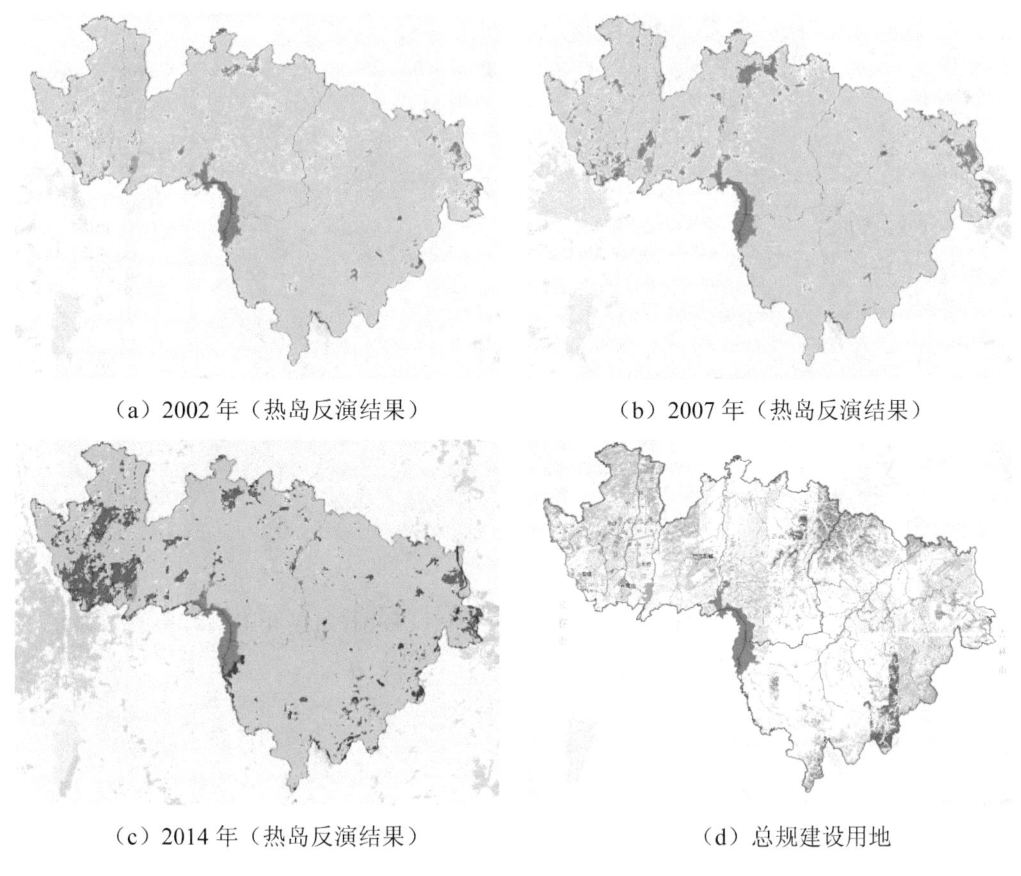

（a）2002 年（热岛反演结果）　（b）2007 年（热岛反演结果）

（c）2014 年（热岛反演结果）　（d）总规建设用地

图 5-11　长吉产业创新发展示范区建设用地扩张与热岛效应反演图

气象模拟显示，示范区 2014 年长东北产业新城、空港经济开发区、九台老城区和吉林经开区均存在不同程度的热岛现象，城区分别较周边郊区温度高 0.4℃、0.2℃和

0.4℃。未来随着新区城镇化持续推进，人口和产业进一步向城区集聚，城市热岛强度将呈现逐渐升高趋势。根据模型计算结果，并结合示范区城市规划产业布局，识别示范区清风廊道的作用空间为长东北产业新城、空港经济开发区、九台老城区和吉林经开区。

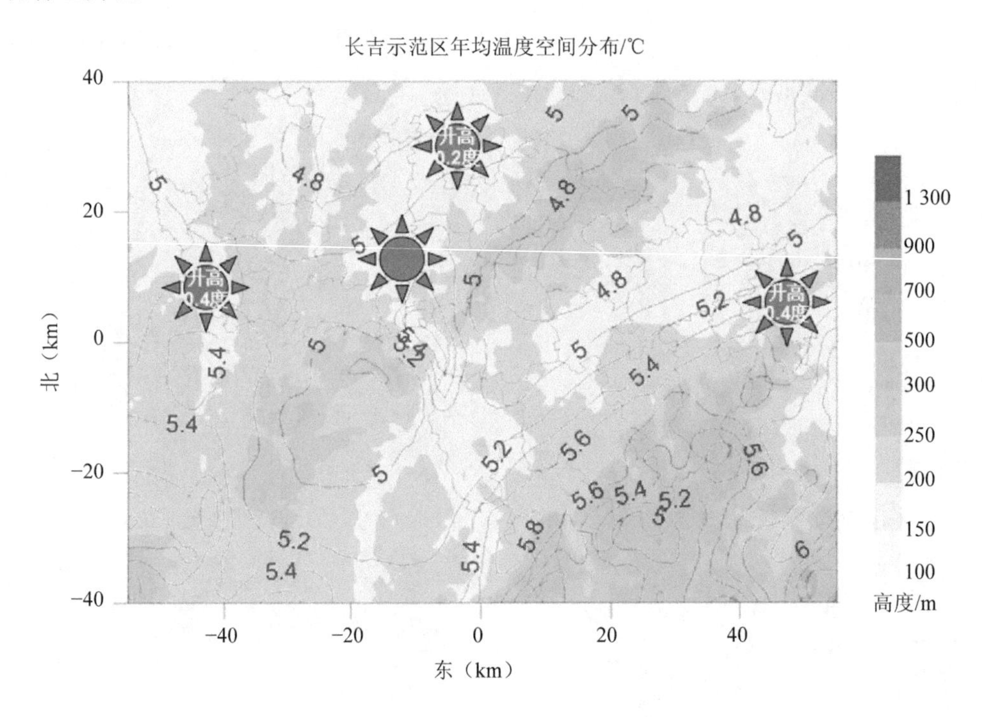

图 5-12　长吉产业创新发展示范区清风廊道作用空间识别

5.3.4　补偿空间识别

补偿空间是清洁空气主要的生成区，也被称为“城市绿肺”或城市的“氧源地”，城市的清洁空气的供给一般由两种渠道获取：一种来自城市盛行风，从城市周边的“绿肺区”生成，通过清风廊道带入城市；另一种则来自城市大型内城绿地与公园设施，由内部产生。

根据温度反演和生态廊道识别结果，示范区周边绿肺区空间包括：

（1）湖体绿肺区

石门头口水库及其周边地区。作为空港新城的直接清洁空气来源，在主导风的作用下由北向南吹入规划建设的空港新城内；同时水库也是示范区东部山谷内广大区域的重要清洁空气来源，对区域内气候和城市环境的调节均起到重要作用。

（2）山体绿肺区

大黑山山脉和哈达岭山脉。大黑山山脉内拥有庙香山风景区、左家自然保护区等众多保护区；哈达岭山脉拥有胖头沟水库、大樱河河口湿地公园、碾子沟河口湿地公园等保护区，在下山气流的作用，两处山脉对示范区的北部区域的气候环境和空气质量影响显著。

（3）河流绿肺区

区域内伊通河、干雾海河、雾开河、饮马河、鳌龙河及合体周边绿地区域，贯通规划建设区域，净化城市空气。

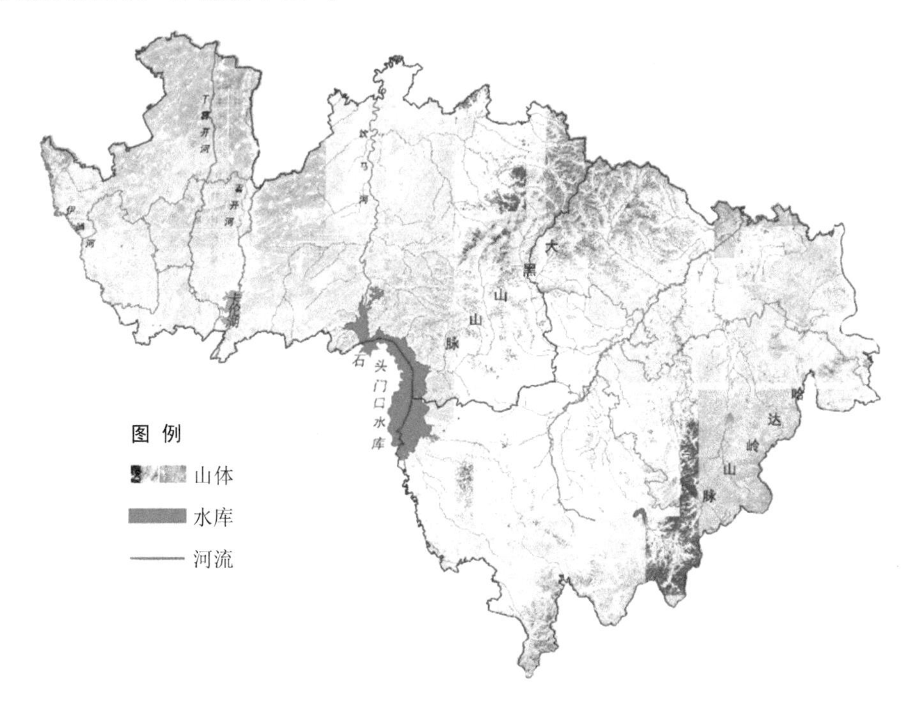

图 5-13　长吉产业创新发展示范区补偿空间示意图

5.3.5 清风廊道构建

结合示范区地形地貌、河网分布、城市绿地、交通道路，打造“二轴五带多廊”的清风廊道格局，将清风廊道划分为三级，采用不同的控制标准。在廊道内，应降低通道地表粗糙程度，即无大型建筑或植被突出物；严格控制通道内大气污染，避免污染物顺清风廊道扩散；增加通道内植被绿量，使其成为线状冷源，增强其降温效果。

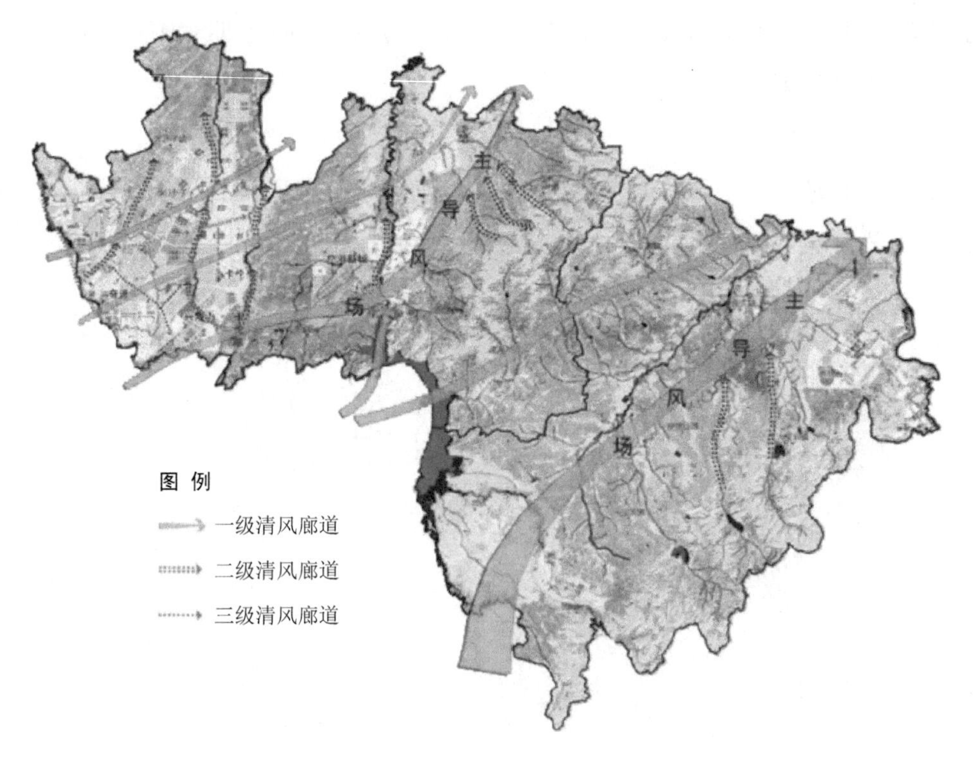

图 5-14 长吉产业创新发展示范区清风廊道

一级清风廊道控制区：格局中的“两轴”，指大黑山山脉、哈达山山脉及沿山两岸地形坡度大于 25°和污染物源头布局敏感性划定区域重叠的范围。大黑山山脉、哈达山山脉是主导风西南风沿山脊线而上，进入示范区的主要通道，因此对沿山两岸进行重点控制，保证西南风顺山而上，贯通整个示范，在主导风向的作用下，常年为示范区输送清洁空气，提高区域通风能力。

二级清风廊道控制区：格局中的“五带”，指饮马河、雾开河、干雾海河、伊通河、鳌龙河及沿河两岸 100 m 范围。饮马河、雾开河、干雾海河、伊通河、鳌龙河是将区域内的主导风场借助侧风吹入城市建设区域内的主要通道，因此应对沿河两岸进行重点控制，保证西南风顺河谷而上，贯通示范区现有的建成区。

三级清风廊道控制区：以现有的哈大高铁、城市绿道、低污染排放的主干道路为主的风道，在二级廊道的基础上，将区域风资源进一步地引入示范区，提高示范区整体的“呼吸”的能力。

表 5-4　长吉产业创新发展示范区清风廊道控制要求

廊道类型	管控要求
一级清风廊道	• 禁止交通干线穿越自然保护区核心区、缓冲区，尽量避免穿越缓冲区； • 加强缓冲区、旅游区等区域内餐饮、旅游、商贸等项目的环境管理
二级清风廊道	• 控制廊道宽度，建议不低于 200 m，廊道内建筑和树木高度不高于 10 m； • 控制城市开发建设强度，以建设绿地、滨河公园、湿地公园为主，控制绿化覆盖率不低于 70%，避免涉及排放大气污染物项目的建设
三级清风廊道	• 建议廊道宽度不低于 100 m，廊道内建筑和树木高度不高于 10 m，控制绿化覆盖率不低于 50%； • 不进行高强度开发，廊道范围禁止使用重污染燃料，禁止秸秆野外焚烧

5.4　大气环境空间管控方案在区域建设中的应用

对照规划产业布局及主要经济空间分布，结合大气环境三维流场特征、大气环境质量维护重点区识别以及通风廊道识别结果，规划实施或修编过程中，应重点关注以下问题。

（1）建议将长德合作区中亚太农业和食品安全产业区的长条形布局方式调整至

长德合作区北部。主要考虑食品加工行业污染排放较高，周边人群健康影响较重，现状规划的亚太农业和食品安全产业区位于长德示范区的中间位置，两边布置有大面积居住区。

（2）建议调整九台经济开发区工业区和居住区之间的距离。主要考虑工业区三面被居住区所环绕，适当控制工业用地范围，在工业区和生活区之间保持一定的安全防护距离，对厂区周边建设适当宽度的绿化，避免工业区被生活用地包围的情况发生，同时控制机械加工产业喷涂废气、噪声等污染发生，降低污染排放量和污染强度。

（3）建议控制长东北物流园控制的规模和清洁化水平。长德合作区干雾海河沿岸大片居住区的上风向区域，东北亚国际物流园位于其上风向区域，物流园内物流车辆、物流机械、货物堆场、加油场站等涉及大气污染物设施对下风向区域影响较为严重，建议对使用机械重点采取电气化设备，尽量降低柴油设备的使用，降低污染排放；建议对散装货物堆场建立完善的扬尘控制措施；建议对物流园区工作车辆、车站、加油站挥发性有机物开展全方位监管。

第 6 章

基于分区分级的水环境评价研究及应用探索

6.1 水环境分区分级管控思路与技术路线

6.1.1 总体思路

由于水环境系统污染排放、传输、汇集过程的关联性与系统性，水环境分区分级管控需考虑水环境污染传输的全过程。水环境系统解析主要包括水系分析、控制单元划定与水环境敏感性、脆弱性评价 3 个方面。水环境敏感性与脆弱性主要针对水生态健康维护、污染扩散能力维护、水生态系统功能重要性维护等进行评价。最后基于水环境系统敏感性、脆弱性评价结果，综合划定水环境系统分区分级管控方案。

总体上讲，水环境系统解析与分区分级管控划定技术路线为：基于水环境系统的格局解析，建立控制分区体系，明晰控制单元的传输关系和相互影响。以控制单元为基础，分析水生态状况，剖析污染传输与扩散的关键环节，解析水生态系统功能重要性，识别水生态脆弱区、水污染物汇集区及水污染物排放负荷重点区、水环境重点保护区等水环境系统维护关键区域。

6.1.2 水系解析与控制单元划定

（1）划定目的

按照目标导向、区域全覆盖、各级行政区对其辖区内的水环境质量负责、水陆结合、以水定陆等原则，建立“流域—控制区—控制单元”的分区目标控制体系，作为水环境分级管控与水污染防治、管理的基础框架。

（2）划分原则

控制单元划分的原则为：①水循环系统的完整性原则。水域与陆域连成一片，保证流域与行政区的完整性，在流域范围内既不能出现空白，也不能重复出现，区域全覆盖。②水系特征与行政区边界有机结合。考虑到水环境管理的需求，在满足水循环系统性与完整性的前提下，尽可能不打破县级行政区的权属界线，尽量保持县级行政区的完整性。③问题导向。识别超标断面与主要问题，寻根溯源找到汇水区。④水陆结合，以水定陆。以自然水系作为陆域划分的基准，根据自然汇水特征确定陆域汇流范围，综合考虑水环境主要问题、水污染特征、区域污染防治重点和方向等区域性特征和状况，形成水陆结合单元。

（3）划分技术方法

控制单元划分采用自上而下和自下而上相结合的技术方法。以行政区与水资源三级区叠加初步确定控制单元范围。以空间异质性为基础，按区域内差异最小、区域间差异最大，以及区域共轭性划分最高层次的分区，然后自上而下逐级划分。以空间水环境特征相似性为基础，根据区域间相对一致性和共轭性原则，自下而上逐级合并。

——汇水区划定

基于 30 m DEM 数字高程模型，应用 GIS 软件水文分析工具，经过填洼预处理后进行水流方向和水流累积量计算，再进行盆域分析和分水岭的生成，划定汇水单元。

——控制单元划分

在此基础上，通过实测河网及大流域边界进行汇水区修整，结合人工识别的石头口门水库集中式饮用水水源保护区、北湖生态湿地保护区、左家自然保护区等区划成果，参考功能区划的重要河流源头水保护，将汇水区单元整合为控制单元，并结合水环境功能区划和水功能区划成果，识别控制单元水质保护目标。

6.2　水环境系统解析与分区分级管控

6.2.1　水系概化与传输关系解析

（1）流域划分

示范区主要由饮马河流域、鳖龙河流域、土城子河流域、通气河流域、松花江干流流域等五大流域构成，其中流域面积最大的为饮马河流域，占示范区面积的 56%。

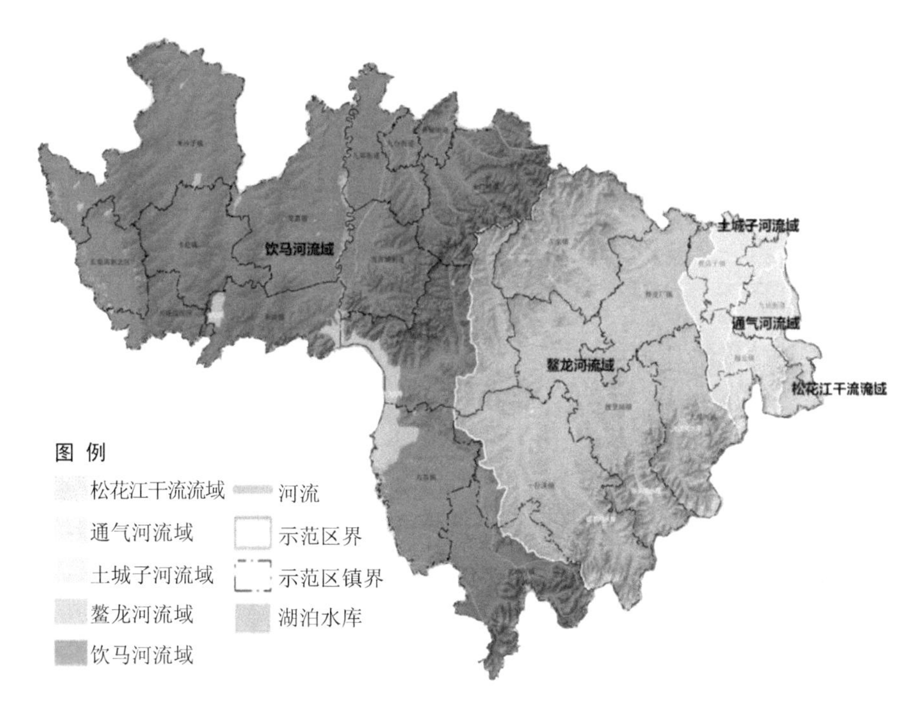

图 6-1　长吉产业创新发展示范区流域划分

按照示范区主干河流及支流等级关系，示范区可划分为 29 个支流水系流域（流域面积超过 20 km^2）。

图 6-2 长吉产业创新发展示范区支流水系流域

（2）水系传输脉络分析

示范区区域内自西向东分布有伊通河、干雾海河、雾开河、饮马河和鳌龙河等 5 大水系、280 余条河流。各水系大致自南向北最终汇入松花江干流的西流部分。其中，伊通河是西流松花江的二级支流，在农安县靠山镇靠山大桥下 5 km 与饮马河汇合。雾开河为饮马河支流，在德惠市与饮马河交汇。干雾海河为雾开河支流，在德惠市双山子大桥附近汇入雾开河。鳌龙河位于西流松花江干流左岸，呈不对称的河网型，两岸河谷展阔，是主要的农业区。土城子河与通气河位于西流松花江上游，分别独流汇入西流松花江。

具体水文脉络图如图 6-3 所示。

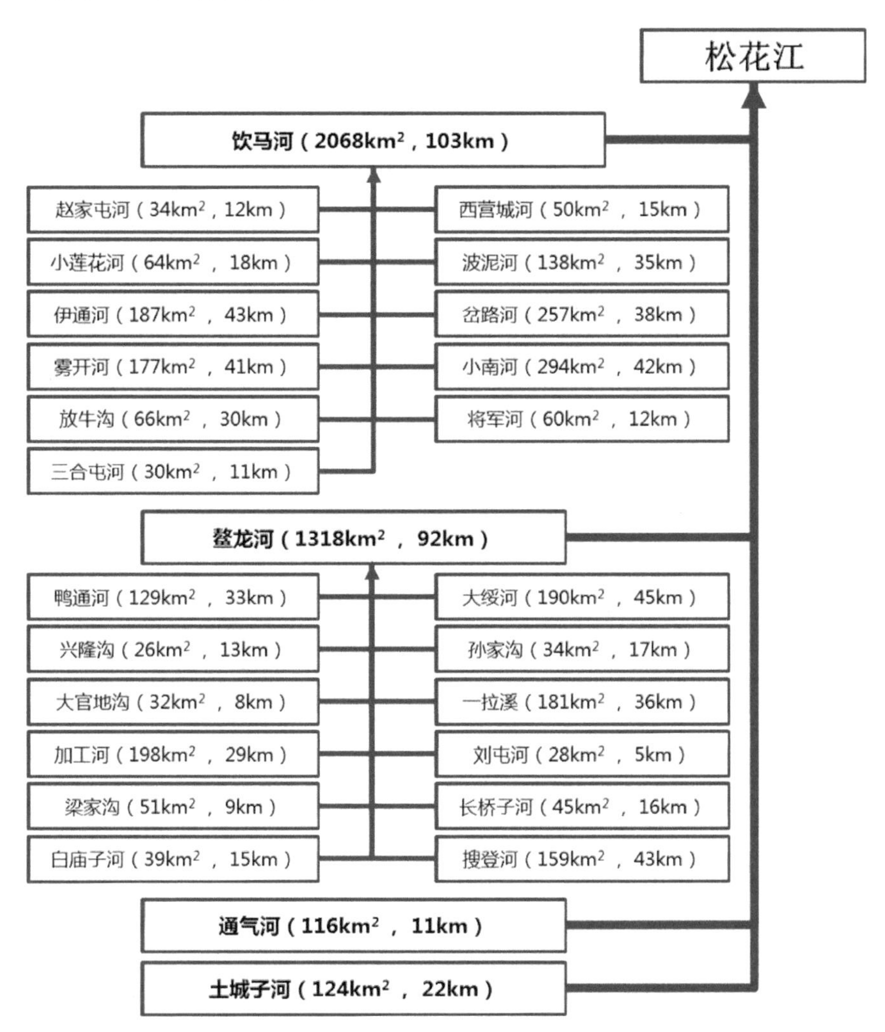

图 6-3　长吉产业创新发展示范区水系脉络概化

6.2.2　汇水区划定

基于 30 m DEM 数字高程模型，根据水系传输关系，应用 GIS 软件水文分析工具，经过填洼预处理后进行水流方向和水流累积量计算，再进行盆域分析和分水岭的生成，将示范区划定为 1 009 个汇水区。

图 6-4 长吉产业创新发展示范区水环境汇水区划分

6.2.3 控制单元划定与保护目标识别

在 1 009 个汇水区的基础上，通过实测河网及大流域边界（这两项成果由长春院提供）进行汇水区修整，结合人工识别的石头口门水库集中式饮用水水源保护区、北湖生态湿地保护区、左家自然保护区等区划成果，参考功能区划的重要河流源头水保护，将 1 009 个汇水区单元整合为 57 个控制单元，并结合水环境功能区划和水功能区划成果，识别控制单元水质保护目标。

图 6-5　长吉产业创新发展示范区水环境控制单元划分

表 6-1　长吉产业创新发展示范区水环境控制单元划分及水质保护目标一览表

控制单元区号	所属流域	对应乡镇	面积/hm²	水质保护目标
0 区	干雾海河	米沙子镇	1 046	Ⅳ类
1 区	饮马河	九台街道、营城街道、九郊街道、龙嘉镇	14 355	Ⅲ类
2 区	雾开河	卡伦镇、米沙子镇	3 958	Ⅲ类
3 区	饮马河	九台街道、营城街道、九郊街道、西营街道、土门岭镇	12 653	Ⅲ类
4 区	鳌龙河	左家镇	2 555	Ⅲ类
5 区	伊通河	奋进乡、米沙子镇	1 757	Ⅴ类
6 区	鳌龙河	桦皮厂镇、左家镇	3 973	Ⅲ类

控制单元区号	所属流域	对应乡镇	面积/hm²	水质保护目标
7 区	干雾海河	卡伦镇、米沙子镇	4 587	Ⅳ类
8 区	雾开河	龙嘉镇、卡伦镇、东湖镇	3 319	Ⅲ类
9 区	鳌龙河	左家镇、土门岭镇、波泥河镇	5 692	Ⅲ类
10 区	饮马河	九郊街道、西营城街、龙嘉镇	8 657	Ⅲ类
11 区	饮马河	左家镇、九郊街道、西营城街、土门岭镇、波泥河镇	14 138	Ⅲ类
12 区	干雾海河	卡伦镇、米沙子镇	14 947	Ⅳ类
13 区	土城子、通气河	孤店子镇、桦皮厂镇、九站街道、大绥河镇、越北镇	28 564	Ⅲ类
14 区	饮马河	西营城街道、龙嘉镇、东湖镇	7 166	Ⅲ类
15 区	鳌龙河	桦皮厂镇、左家镇	2 758	Ⅲ类
16 区	干雾海河	卡伦镇	1 995	Ⅳ类
17 区	伊通河	奋进乡、米沙子镇	3 126	Ⅴ类
18 区	饮马河	九郊街道、西营城街、土门岭镇、波泥河镇	9 760	Ⅲ类
19 区	干雾海河	兴隆山镇、奋进乡、卡伦镇	2 175	Ⅳ类
20 区	鳌龙河	左家镇、搜登站镇、土门岭镇、波泥河镇	5 839	Ⅲ类
21 区	雾开河	龙嘉镇、卡伦镇、米沙子镇	3 152	Ⅲ类
22 区	干雾海河	兴隆山镇、卡伦镇、米沙子镇	4 170	Ⅳ类
23 区	鳌龙河	桦皮厂镇、大绥河镇、越北镇	6 991	Ⅲ类
24 区	鳌龙河	桦皮厂镇、左家镇、搜登站镇	5 810	Ⅲ类
25 区	雾开河	龙嘉镇、卡伦镇、东湖镇	863	Ⅲ类
26 区	雾开河	卡伦镇、东湖镇	1 837	Ⅲ类
27 区	饮马河	西营城街道、土门岭镇、波泥河镇	8 423	Ⅲ类
28 区	鳌龙河	孤店子镇、桦皮厂镇、左家镇、大绥河镇、搜登站镇	11 312	Ⅲ类
29 区	雾开河	兴隆山镇、卡伦镇、东湖镇	4 184	Ⅲ类
30 区	饮马河	岔路河镇、万昌镇、一拉溪镇、西营街道、波泥河镇、东湖镇	21 423	Ⅲ类

控制单元区号	所属流域	对应乡镇	面积/hm^2	水质保护目标
31 区	干雾海河	兴隆山镇、奋进乡、卡伦镇、东湖镇	4 720	Ⅳ类
32 区	伊通河	兴隆山镇、奋进乡	800	Ⅴ类
33 区	饮马河	西营城街道、龙嘉镇、卡伦镇、东湖镇	7 794	Ⅲ类
34 区	伊通河	奋进乡	3 788	Ⅴ类
35 区	鳌龙河	桦皮厂镇、大绥河镇、搜登站镇	6 687	Ⅲ类
36 区	鳌龙河	左家镇、搜登站镇、一拉溪镇、波泥河镇	12 272	Ⅲ类
37 区	伊通河	兴隆山镇、奋进乡	1 631	Ⅴ类
38 区	鳌龙河	桦皮厂镇、左家镇、搜登站镇、一拉溪镇、波泥河镇	8 735	Ⅲ类
39 区	鳌龙河	万昌镇、一拉溪镇、波泥河镇	4 376	Ⅲ类
40 区	鳌龙河	桦皮厂镇、搜登站镇、一拉溪镇	6 247	Ⅲ类
41 区	鳌龙河	搜登站镇、一拉溪镇	4 438	Ⅲ类
42 区	鳌龙河	大绥河镇、搜登站镇、越北镇	10 786	Ⅲ类
43 区	鳌龙河	大绥河镇、搜登站镇、一拉溪镇	7 162	Ⅱ类
44 区	鳌龙河	搜登站镇、一拉溪镇	4 018	Ⅲ类
45 区	鳌龙河	岔路河镇、一拉溪镇	7 572	Ⅱ类
46 区	饮马河	岔路河镇、万昌镇、一拉溪镇	10 179	Ⅲ类
47 区	鳌龙河	搜登站镇、岔路河镇、一拉溪镇	9 018	Ⅲ类
48 区	饮马河	岔路河镇、万昌镇	7 185	Ⅲ类
49 区	伊通河	奋进乡、卡伦镇、米沙子镇	2 049	Ⅴ类
50 区	伊通河	兴隆山镇、奋进乡、卡伦镇	1 203	Ⅴ类
51 区	饮马河	岔路河镇、万昌镇	2 470	Ⅲ类
52 区	饮马河	岔路河镇、万昌镇、一拉溪镇	3 577	Ⅲ类
53 区	饮马河	万昌镇、西营城街道、波泥河镇、东湖镇	8 984	Ⅱ类
54 区	伊通河	奋进乡、米沙子镇	4 107	Ⅴ类
55 区	伊通河	兴隆山镇、奋进乡	647	Ⅴ类
56 区	鳌龙河	一拉溪镇	5 470	Ⅲ类

6.2.4 水环境敏感性、脆弱性评价

结合水环境功能区划、水功能区划以及相关水系特点，按照饮水安全优先、源头水重点保护、水质目标就高不就低等原则进行示范区控制单元的敏感性、脆弱性评价，其中，敏感性评价主要按城市集中式饮用水水源保护区的源汇关系、水质目标、公众关注程度等进行评价，脆弱性评价主要按水系上下游流向、水环境压力等进行评价，见表 6-2。

表 6-2 长吉产业创新发展示范区水环境控制单元敏感性和脆弱性评价方法一览表

级别	敏感性内容	脆弱性评价
一级	城市集中式饮用水水源地保护区饮用水水源一级保护区	水质保护目标高（II类）且地表径流不足的水体
二级	城市集中式饮用水水源地保护区饮用水水源二级保护区及其邻近上游汇水区	城市集中式饮用水水源地保护区上游邻近汇水区地表径流不足的支流
	城市集中式饮用水水源地地下水补给区	各级人民政府划定的自然保护区内地表径流不足的河流
三级	城市郊野湿地或湿地公园以及公众较易接触到的其他景观水体	汇入三级敏感区域以上（城市集中式饮用水水源地保护区除外）且地表径流不足的水体
	各级人民政府划定的自然保护区	水环境压力较大且地表径流不足的河流
	水质要求高标准保护的区域（II类，非饮用水水源地）	一般河流水体的源头区
	—	重要干流上游区（饮马河、鳌龙河）
一般	除以上要求以外的水体	除以上要求以外的水体

各控制单元的敏感性、脆弱性评价结果如图 6-6 所示。

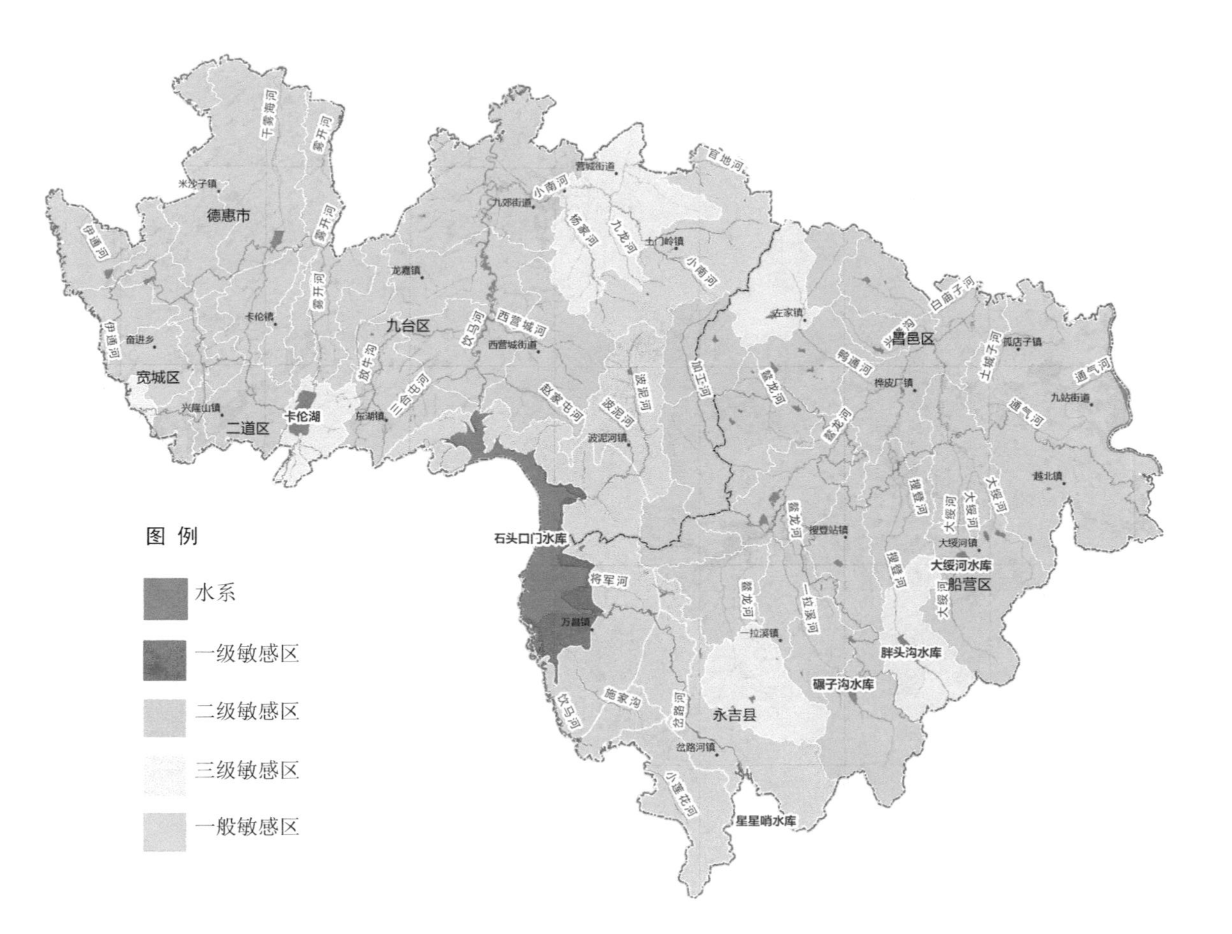

图 6-6　长吉产业创新发展示范区水环境敏感性评价

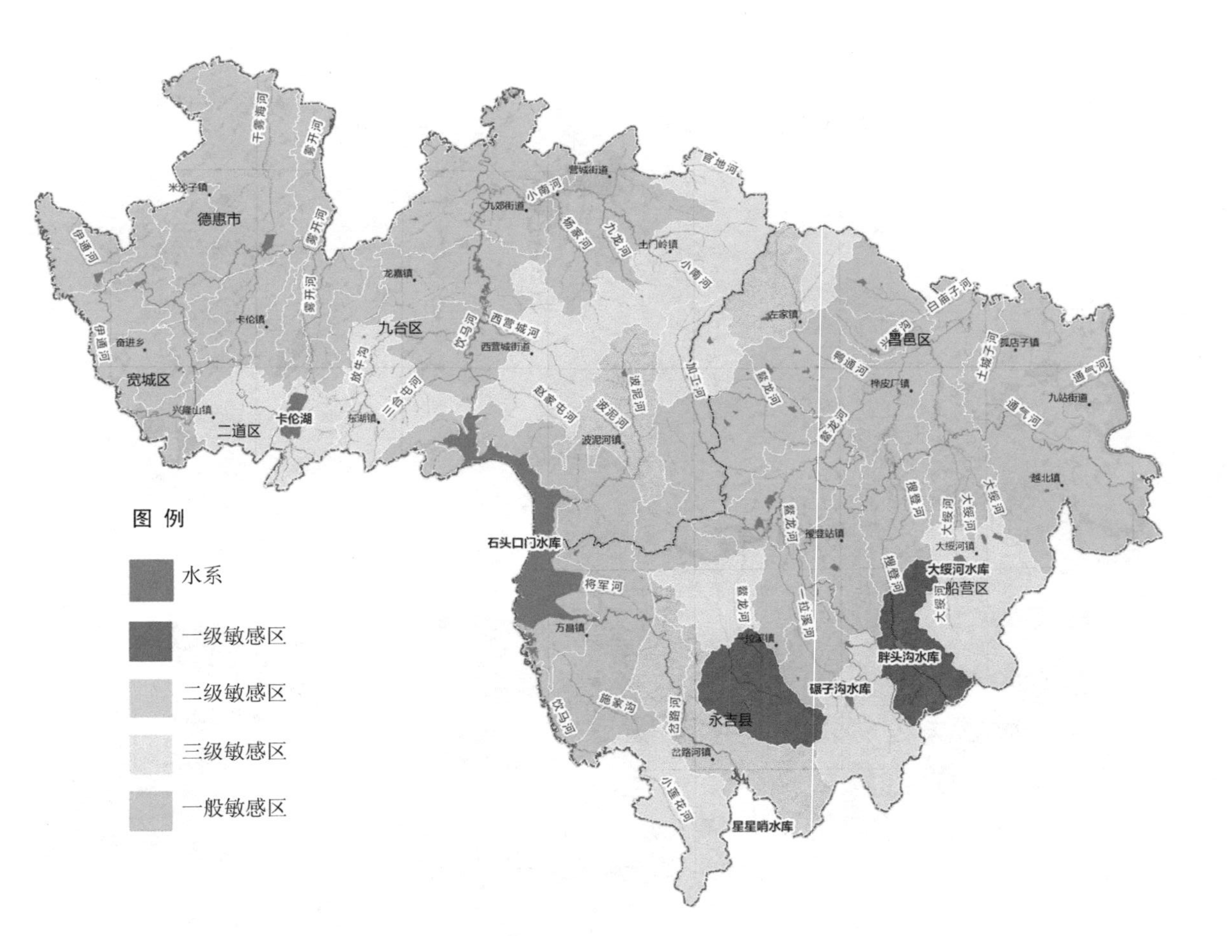

图 6-7 长吉产业创新发展示范区水环境脆弱性评价

表 6-3　长吉产业创新发展示范区水环境控制单元评价一览表

控制单元区号	控制单元编码	管控区面积/hm^2	敏感性评价	脆弱性评价	备注
0	干-四-0-西-南 4	1 046	敏感性一般	脆弱性一般	
1	饮-五-1-南 6	14 355	敏感性一般	脆弱性一般	
2	雾-五-2-南 4	3 958	敏感性一般	脆弱性一般	
3	饮-三-3-南 5	12 653	敏感性三级	脆弱性一般	
4	鳌-三-4-鸭通河右支	2 555	敏感性一般	脆弱性三级	
5	伊-四-5-东-南 4	1 757	敏感性一般	脆弱性一般	
6	鳌-四-6-白庙子河	3 973	敏感性一般	脆弱性一般	
7	干-四-7-西-南 3	4 587	敏感性一般	脆弱性一般	
8	雾-四-8-东-南 2	3 319	敏感性一般	脆弱性一般	
9	鳌-三-9-左家-鸭通河左支	5 692	敏感性三级	脆弱性二级	左家自然保护区（省级）
10	饮-五-10-南 5	8 657	敏感性一般	脆弱性一般	
11	饮-二-11-南 5	14 138	敏感性二级	脆弱性三级	九台区地下水水源地补给区
12	干-五-12-东-南 3	14 947	敏感性一般	脆弱性一般	
13	土城子河-通气河-13	28 564	敏感性一般	脆弱性一般	
14	饮-三-14-中-南 4	7 166	敏感性一般	脆弱性一般	
15	鳌-四-15-兴隆沟	2 758	敏感性一般	脆弱性一般	
16	干-四-16-东-南 2	1 995	敏感性一般	脆弱性一般	
17	伊-五-17-西-南 3	3 126	敏感性一般	脆弱性一般	
18	饮-三-18-东-南 4	9 760	敏感性一般	脆弱性三级	
19	干-四-19-西-南 2	2 175	敏感性一般	脆弱性一般	
20	鳌-三—20-加工河源头	5 839	敏感性一般	脆弱性三级	
21	雾-五-21-中-南 3	3 152	敏感性一般	脆弱性一般	
22	干-五-22-中-南 2	4 170	敏感性一般	脆弱性一般	
23	鳌-四-23-大绥河中游	6 991	敏感性一般	脆弱性一般	
24	鳌-四-24-鸭通河中游	5 810	敏感性一般	脆弱性一般	

控制单元区号	控制单元编码	管控区面积/hm^2	敏感性评价	脆弱性评价	备注
25	雾-四-25-中-南 2	863	敏感性一般	脆弱性一般	
26	雾-四-26-西-南 2	1 837	敏感性一般	脆弱性一般	
27	饮-二-27-南 3	8 423	敏感性二级	脆弱性二级	石头口门水库水源地上游区（波泥河）
28	鳌-五-28-干流下游	11 312	敏感性一般	脆弱性一般	
29	雾-三-29-源	4 184	敏感性三级	脆弱性三级	
30	饮-二-30-南 3	21 423	敏感性二级	脆弱性一般	石头口门水库水源地二级保护区
31	干-三-31-源头	4 720	敏感性一般	脆弱性三级	
32	伊-四-32-东-南 1	800	敏感性一般	脆弱性一般	
33	饮-三-33-西-南 4	7 794	敏感性一般	脆弱性三级	
34	伊-五-34-西-南 2	3 788	敏感性一般	脆弱性一般	
35	鳌-四-35-搜登河中游	6 687	敏感性一般	脆弱性一般	
36	鳌-四-36-加工河中下游	12 272	敏感性一般	脆弱性一般	
37	伊-五-37-西-南 1	1 631	敏感性一般	脆弱性一般	
38	鳌-四-38-干流中游	8 735	敏感性一般	脆弱性一般	
39	鳌-二-39-上游支流-梁家沟	4 376	敏感性一般	脆弱性一般	
40	鳌-四-40-支沟 6-1	6 247	敏感性一般	脆弱性一般	
41	鳌-四-41-一拉溪中游	4 438	敏感性一般	脆弱性一般	
42	鳌-三-42-大绥河源头	10 786	敏感性一般	脆弱性三级	
43	鳌-二-43-搜登河源头	7 162	敏感性三级	脆弱性一级	搜登河源头区
44	鳌-四-44-一拉溪上游	4 018	敏感性一般	脆弱性一般	
45	鳌-二-45-源头	7 572	敏感性三级	脆弱性一级	鳌龙河源头区
46	饮-二-46-东-南 1	10 179	敏感性二级	脆弱性二级	石头口门水库水源地上游区（岔路河）

控制单元区号	控制单元编码	管控区面积/hm^2	敏感性评价	脆弱性评价	备注
47	鳌-四-47-一拉溪源头	9 018	敏感性一般	脆弱性三级	
48	饮-二-48-西-南 1	7 185	敏感性二级	脆弱性三级	石头口门水库水源地上游区（饮马河干流）
49	伊-四-49-东-南 3	2 049	敏感性一般	脆弱性一般	
50	伊-四-50-东-南 2	1 203	敏感性一般	脆弱性一般	
51	饮-二-51-西-南 2	2 470	敏感性二级	脆弱性一般	石头口门水库水源地上游区（饮马河干流）
52	饮-二-52-东-南 2	3 577	敏感性二级	脆弱性二级	石头口门水库水源地上游区（岔路河）
53	饮-一-53-西-南 3	8 984	敏感性一级	脆弱性一般	石头口门水库水源地一级保护区
54	伊-五-54-西-南 4	4 107	敏感性一般	脆弱性一般	
55	伊-四-55-北湖湿地	647	敏感性三级	脆弱性一般	北湖湿地
56	鳌-二-56-上游干流	5 470	敏感性一般	脆弱性三级	

6.2.5　水环境分区分级管控方案与管控对策

基于各控制单元的水环境敏感性和脆弱性评价，将水源保护区、重要水源涵养区、重要保护目标、污染扩散能力差的河段以及上下游水质目标承接区等区域纳入水环境空间管控范围。

按照以上分析，将控制单元划分为不同的类型，实施分区分级管理。其中，核心管控区 1 个，重点管控区 9 个，质量维护一级区 13 个，质量维护二级区 24 个，质量维护三级区 10 个，配套不同的管控措施。

表 6-4 长吉产业创新发展示范区水环境空间分区分级方案

序号	类别	核心管控区	重点管控区	质量维护区（一级）	质量维护区（二级）
1	水源保护区	市级、县级、乡镇级饮用水水源地保护区饮用水水源一级保护区（Ⅱ类）	市县级饮用水水源二级保护区，地下水水源地重要补给区（Ⅱ类、Ⅲ类）	乡镇级饮用水水源地重要补给区（Ⅲ类）	
2	重要水源涵养区		鳌龙河、岔路河、搜登河等上游水源涵养区（Ⅱ类）	雾开河、干雾海河、大绥河重要河流水源涵养区（Ⅲ类）	一般河流水源涵养区或非重要补水区河段
3	重要保护目标			左家自然保护区所在河段	北湖湿地公园所在河段
4	污染扩散能力差的河段				地表径流不足或季节性断流河道，水环境自净能力减弱的区域
5	上下游水质目标承接				重点管控区（二级以上）与一般管控区的水质承接河段

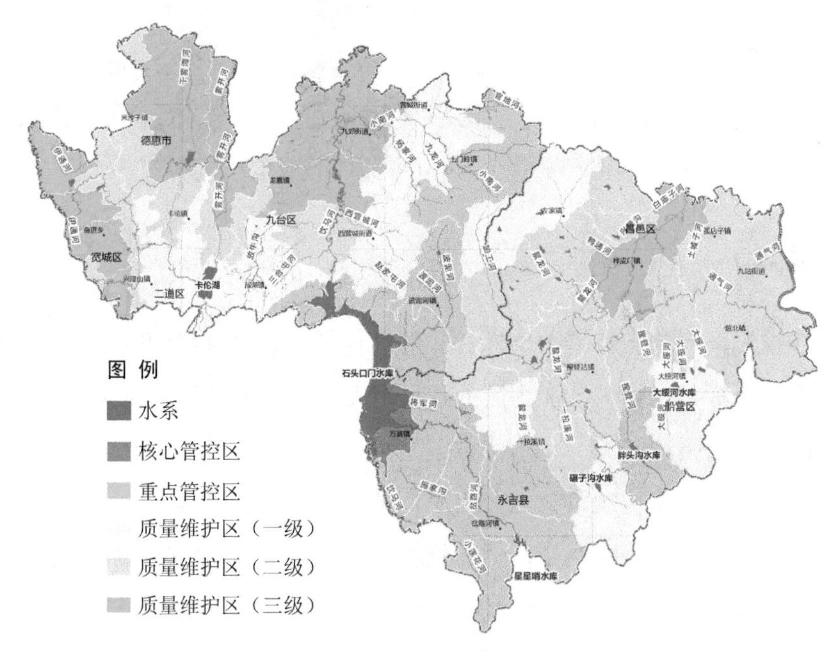

图 6-8 长吉产业创新发展示范区水环境分区分级管控

表 6-5　长吉产业创新发展示范区水环境分区分级管控一览表

区级	控制单元区号	所属流域	管控区面积/hm²
核心管控区	53 区	饮马河	8 984
重点管控区	11 区	饮马河	14 138
	27 区	饮马河	8 423
	30 区	饮马河	21 423
	43 区	鳌龙河	7 162
	45 区	鳌龙河	7 572
	46 区	饮马河	10 179
	48 区	饮马河	7 185
	51 区	饮马河	2 470
	52 区	饮马河	3 577
质量维护区（一级）	3 区	饮马河	12 653
	4 区	鳌龙河	2 555
	9 区	鳌龙河	5 692
	16 区	干雾海河	1 995
	18 区	饮马河	9 760
	19 区	干雾海河	2 175
	20 区	鳌龙河	5 839
	29 区	雾开河	4 184
	31 区	干雾海河	4 720
	33 区	饮马河	7 794
	42 区	鳌龙河	10 786
	47 区	鳌龙河	9 018
	56 区	鳌龙河	5 470
质量维护区（二级）	0 区	干雾海河	1 046
	5 区	伊通河	1 757
	6 区	鳌龙河	3 973
	7 区	干雾海河	4 587
	8 区	雾开河	3 319

区级	控制单元区号	所属流域	管控区面积/hm^2
质量维护区（二级）	13 区	土城子河、通气河	28 564
	14 区	饮马河	7 166
	15 区	鳌龙河	2 758
	22 区	干雾海河	4 170
	23 区	鳌龙河	6 991
	24 区	鳌龙河	5 810
	25 区	雾开河	863
	26 区	雾开河	1 837
	32 区	伊通河	800
	35 区	鳌龙河	6 687
	36 区	鳌龙河	12 272
	38 区	鳌龙河	8 735
	39 区	鳌龙河	4 376
	40 区	鳌龙河	6 247
	41 区	鳌龙河	4 438
	44 区	鳌龙河	4 018
	49 区	伊通河	2 049
	50 区	伊通河	1 203
	55 区	伊通河	647
质量维护区（三级）	1 区	饮马河	14 355
	2 区	雾开河	3 958
	10 区	饮马河	8 657
	12 区	干雾海河	14 947
	17 区	伊通河	3 126
	21 区	雾开河	3 152
	28 区	鳌龙河	11 312
	34 区	伊通河	3 788
	37 区	伊通河	1 631
	54 区	伊通河	4 107

——水环境核心管控区

为石头口门水库饮用水水源一级保护区，面积 89.84 km^2，占示范区面积的 2.42%。禁止在饮用水水源一级保护区内新建、改建、扩建与供水设施和保护水源无关的建设项目；已建成的与供水设施和保护水源无关的建设项目应责令拆除或者关闭；禁止进行网箱养殖、旅游、游泳、垂钓或者其他可能污染饮用水水体的活动。

——水环境重点管控区

主要包括石头口门水库二级保护区及上游和大黑山脉水源涵养区域，面积 821.29 km^2，占示范区面积的 22.14%。区内禁止新建有色金属、皮革制品、石油煤炭、化工医药、铅蓄电池制造、电镀以及其他排放有毒有害污染物的项目，现有相关工业企业应尽快关闭或搬迁；禁止新建高耗水和重污染企业，现状水质保持较好的区域（水质III类以上）原则上不得新增水体污染物排放，现状水质劣于III类的区域应尽快减产、搬迁；区内不得新建规模化畜禽养殖场，现有规模化畜禽养殖场逐步关闭或搬迁。

水环境重点管控区内的水源地二级保护区，禁止新建、改建、扩建排放污染物的建设项目，已建成的排放污染物的建设项目应责令拆除或者关闭。重点管控内的市县级地下水水源地的准保护区（补给区），禁止建设城市垃圾、粪便和易溶、有毒有害废弃物的堆放场站；区内地表水体水质不应低于《地表水环境质量标准》III类标准；不得使用不符合《农田灌溉水质标准》的污水进行灌溉，合理使用化肥；保护水源林，禁止毁林、砍伐、开荒。区内其他区域在生活污水得到高效处理且排水水量不得高于区域地表自然径流量 20%、排水水质接近或优于III类以上（如在本管控区排放）的条件下，可允许进行低密度别墅、生态旅游等开发活动。

——水环境质量维护区（一级）

主要包括雾开河、干雾海河、一拉溪、加工河、鸭通河、大绥河重要河流水源涵养区，面积 826.41 km^2，占示范区面积的 22.27%。区内禁止新建有色金属、皮革制品、石油煤炭、化工医药、铅蓄电池制造、电镀以及其他排放有毒有害污染物的项目，现有相关工业企业应逐步关闭或搬迁；现状水质劣于 V 类的区域应尽快对减产、搬迁现有污水排放工业企业，一般工业企业污水得到有效处理、达到城镇污水纳管标准后必须排入城镇污水处理厂进行深度处理；原则上不得新建、扩建规模化畜禽养殖场，鼓励绿色种植，降低农田施肥施药强度；在生活污水得到有效处理且排水水量不得高于区域地表自然径流量 40%、排水水质在Ⅳ类以上（如在本管控区排放）的条件下，可进行中、低密度住宅、高端商业会展和一般旅游等开发活动。

部分水环境质量维护一级区为镇级地下水水源地的准保护区（补给区），区域内禁止建设城市垃圾、粪便和易溶、有毒有害废弃物的堆放场站。因特殊需要设立转运站的，必须经有关部门批准，并采取防渗漏措施；区内地表水体水质不应低于《地表水环境质量标准》Ⅲ类标准。

——水环境质量维护区（二级）

水环境质量二级维护区面积 1 243.13 km^2，占示范区面积的 33.51%。区内禁止新建有色金属、皮革制品、石油煤炭、化工医药、铅蓄电池制造、电镀以及其他排放有毒有害污染物的项目，加强对已有项目的有毒有害污染物的处置和运输监管；鼓励一般工业企业污水得到有效处理、达到城镇污水纳管标准后排入城镇污水处理厂进行深度处理；在生活污水得到有效处理且排水水质达到一级 A 标准（氨氮排放标准应适当加严）后可在区内排放条件下，可进行一般性住宅、商业会展和旅游等开发活动。

——水环境质量维护区（三级）

将上述区域之外的区域纳入水环境质量三级维护区，面积 729.33 km^2，占示范区面积的 19.66%。区内严格控制有色金属、皮革制品、石油煤炭、化工医药、铅蓄电池制造、电镀以及其他排放有毒有害污染物的项目的建设规模，加强对已有项目的有毒有害污染物的处置和运输监管；鼓励一般工业企业污水得到有效处理、达到城镇污水纳管标准后应排入城镇污水处理厂进行深度处理。城镇生活污水达到一级 A 标准后排放。

6.3 水环境空间管控方案在区域建设中的应用

对照规划产业布局及主要经济空间分布，结合水环境重点区识别结果，规划实施或修编过程中，应重点关注以下问题。

（1）北湖湿地现阶段上游来水水质较差（伊通河，《地表水环境质量标准》（GB 3838—2002）劣Ⅴ类），北湖湿地常年或一年中部分时段为黑臭水体。建议暂缓开发北湖湿地邻近地块（商业、商务和娱乐康体用地），待上游来水水质达标且湿地水环境质量经整治达到功能要求（Ⅴ类以上）后有序开发。

（2）按照《中华人民共和国水污染防治法》第五章第 58 条和第 59 条规定：波泥河镇个别发展备用地位于饮用水水源一级保护区内，建议做出修改。波泥河镇、万昌镇、东湖镇、西营城街道部分开发地块位于石头口门水库集中式饮用水水源地二级保护区内，二类、三类工业用地禁止排放水体污染物的企业进入；二类居住用地的开发建议明确为多层住宅开发（4～6 层，民用建筑高度不高于 24 m）。

（3）岔路河镇（中新食品城）部分开发地块位于石头口门水库集中式饮用水水源地上游汇水区。应禁止新建排放水体有毒有害物质的行业企业（例如电镀、制革、化工医药、石油煤炭、有色金属、铅蓄电池等行业企业），不建议造纸行业和食品加工行业的企业进入；为保证石头口门水库集中式饮用水水源二级保护区水质达标，岔路河镇（中新食品城）居住用地的开发应明确为低密度住宅属性，加强城镇生活污水处理和生活垃圾收集处理，区域排污总量不得超出河道水环境容量。

（4）岔路河镇（中新食品城）部分开发地块位于鳌龙河源头，禁止城区内企事业单位和住户取用本地水源。按照水功能区划要求，该河段水质应至少达到Ⅲ类水质，加之由于属源头水区域地表径流不足，导致理论水环境容量稀缺。建议在鳌龙河源头审慎发展涉水污染排放的行业。

（5）长东北产业新城部分区域位于干雾海河源头水保护区域，为保障干雾海河中下游生态径流，建议此部分开发区域严禁从源头取水，且不得在此区域设置排污口。

第7章

基于大气环境承载力的空间管控研究及应用探索

7.1 大气环境质量底线确定

改善环境质量是环境质量底线的核心，是以保障人民群众身体健康为根本。在综合考虑环境质量现状、资源能源消耗、经济社会发展需求、污染防治和治理技术等因素，与限期达标规划充分衔接，分阶段、分区域设置环境质量目标，示范区大气环境质量底线设置为满足《环境空气质量标准》（GB 3095—2012）要求，所有指标稳定达标，影响人民群众健康的有毒有害物质处于合理阈值。

考虑示范区大气环境质量与长春市接近，2016 年长春市 $PM_{2.5}$、PM_{10}、NO_2 年均浓度为 46 μg/m^3、78 μg/m^3 和 40 μg/m^3，分别超标 31.4%、超标 11%和未超标。若要保证示范区空气质量达标，需要保证规划期末长春市、吉林市和示范区空气质量大幅改善，稳定满足达标要求。

近期，根据吉林省和长春市《大气污染防治行动计划实施方案》《吉林省清洁空气行动计划（2016—2020 年）》要求，2020 年长春市 $PM_{2.5}$ 浓度设置目标为 53 μg/m^3，优良天数增加值 292 天，重污染天将至 9 天。考虑 2016 年长春市空气质量已经满足

2020 年的要求，同时大气环境质量不能恶化的要求，2020 年长春市大气质量目标设置为 SO_2、NO_2 稳定达标，PM_{10} 年均浓度降至标准以下，$PM_{2.5}$ 浓度控制在 40 μg/m^3 左右。

远期，考虑不达标地区要尽快制定达标规划实现环境质量达标，达标地区要努力实现环境质量向更高水平迈进，在 2030 年左右示范区 $PM_{2.5}$ 浓度降至 35μg/m^3，常规大气质量指标全部达标，空气质量优良率大幅提高，重污染天气基本消除，无有毒有害、有异味等影响人民群众身体健康的现象发生。

7.2 大气环境污染排放预测

根据不同的污染控制策略，将大气污染排放设置为高、低两种污染排放情景。

（1）高污染排放情景，示范区内开工建设项目按照国内先进水平和发达地区的控制经验，实施严格控制，对长春市污染排放企业按照各级污染控制行动计划进行协调削减。

（2）低污染排放情景，充分考虑示范区与长春市、吉林市之间产业发展和污染排放之间的协作，在高方案情景的基础上，供热、供电优先考虑清洁能源和外输电力，将污染较大的行业与邻近示范区的相关企业进行协同削减，对长春市、吉林市热力、火电、机动车等重点部门同样按照国内先进水平的要求进行控制。

7.2.1 火力发电行业

示范区内宇光能源长春高新热电分公司、九台热电厂和吉林松花热电厂，其中宇光能源长春高新热电分公司 2014 年 3 项污染排放浓度 98 mg/m^3、64 mg/m^3 和 47 mg/m^3。根据《吉林省清洁空气行动计划（2016—2020 年）》要求，2017 年年底前，长春市需完成 30 万 kW 及以上燃煤发电机组超低排放改造，SO_2、NO_x、颗粒物 3 项污染物的排放浓度降至 35 mg/m^3、50 mg/m^3 和 5 mg/m^3，示范区及周边现状包括宇光能源在内的大多数火电或热电企业尚未能达到标准要求。规划期示范区内将减少北湖热电厂、长德经济区热电厂和吉林高新北热电厂 3 座电厂，3 座电厂均以燃气作为主要的能源。

（1）高排放情景下，规划 2020 年包括宇光能源等在内的所有火电和热电厂完成超低改造。排放 SO_2、NO_x、颗粒物各为 1 900 t、2 700 t 和 270 t；2030 年前规划期间新建的北湖热电厂、长德热电厂和吉林高新北热电厂全部按照超低排放进行建设运行，排放 SO_2、NO_x、颗粒物分别为 7 230 t、17 000 t 和 2 100 t。

（2）低排放情景下，示范区与长春市统一规划电力调配和火电建设方案，加大示范区热力和电力外输比例。在高排放情景的基础上，保证示范区外输电力和燃气的供应，规划建设的北湖热电厂、长德经济区热电厂和吉林高新北热电厂全部使用燃气作为能源，电力缺口由外输弥补。2020 年排放量与高情景相同，2030 年排放 SO_2、NO_x、颗粒物降低至 5 000 t、13 500 t 和 1 500 t。

示范区内现有大型供热锅炉 3 个，均位于高新南区，长春部分另有小型锅炉房 9 个，吉林部分有小型锅炉房 4 个。随着规划期示范区内人口的集聚，全区 2030 年供热范围将达到 34 000 万 m^3，其中九台电厂供热面积 7 000 万 m^3，松花电厂和新建吉林高新北热电厂供热面积 5 000 万 m^3，清洁排放锅炉房供热面积 12 000 万 m^3，可再生能源供热面积 7 500 万 m^3，天然气规划供热面积 2 500 万 m^3。

表 7-1 长吉产业创新发展示范区及长春市火电企业排放量估算 单位：t

区域	2015 年			2020 年			2030 年		
	SO_2	NO_x	颗粒物	SO_2	NO_x	颗粒物	SO_2	NO_x	颗粒物
长吉示范区	5 200	3 400	2 520	1 900	2 700	270	5 000	13 500	1 500
长春市其他区域	17 700	49 300	24 300	8 600	8 020	730	5 370	5 010	460

（1）高排放情景下，示范区内 10 蒸吨/小时以下锅炉全部淘汰或进行扩容改造，其余锅炉参照《锅炉大气污染物排放标准》（GB 13271—2014）中重点地区锅炉房污染物排放限值加严控制。规划期间扩建 11 座、新建 41 座锅炉房，确保新建锅炉中

30%以上为燃气锅炉，锅炉排放废气执行新标准中污染物排放浓度限值。2020 年锅炉排放 SO_2、NO_x、颗粒物分别为 3 500 t、3 500 t 和 600 t，2030 年锅炉排放增长至 6 100 t、6 100 t 和 1 100 t。

同时，长春市热力锅炉 2020 年达到一般区域控制标准要求，2030 年进一步降低重点地区排放浓度，达到重点区控制标准要求。

（2）低排放情景，在高排放情景的基础上，进一步增加污水源、地热源等多类型清洁能源供应系统，清洁能源供热比重达到 40%；燃煤锅炉供热比例控制在 50%，除扩建 6 座超洁净排放的燃煤锅炉外，新建的 21 座新锅炉中，空港经济区除调峰锅炉外禁建以燃煤为主锅炉，其他区域 2020 年之后新建燃煤锅炉废气必须达到燃气锅炉标准要求。2020 年锅炉排放 SO_2、NO_x、颗粒物分别为 3 500 t、3 500 t 和 600 t，2030 年锅炉排放 SO_2、NO_x、颗粒物维持在 3 000 t、4 500 t 和 750 t。

综合利用周边区域的供热能力，由长春市大型热电站对示范区内供热和部分生活统一供热。

表 7-2　长春市热电行业锅炉污染去除情况　　单位：mg/m^3

标准		SO_2	NO_x	颗粒物
		604	355	390
燃煤标准	一般区域	300	300	50
	重点地区	200	200	30
燃气锅炉排放标准限值		50	150	20

表 7-3　低排放情景下工业锅炉污染排放预测　　单位：t

区域	2015 年			2020 年			2030 年		
	SO_2	NO_x	颗粒物	SO_2	NO_x	颗粒物	SO_2	NO_x	颗粒物
示范区	1 223	577	731	3 500	3 500	600	3 000	4 500	750
长春市其他区域	15 592	8 811	9 781	4 710	4 710	850	4 710	4 710	850

7.2.2 医药和食品产业

示范区内规划长东北生物医药产业园为医药、医疗设备、保健品制造基地，空港新城以健康成品、健康制造、健康服务为主，中新吉林食品园为健康食品的供应地，综合形成“一城、一园、一区”的医药健康产业格局。包括在高新南区布置有生物医药园区一个、高新北区布置生物医药和食品加工园区各一个、长德经济区布置食品加工园区两个；在九台区布设精优食品加工基地和生物医药产业基地各一个；在吉林高新技术产业开发区布设生物医药产业基地一个，在中新吉林食品园布设精优食品加工基地一个。考虑医药和食品两个行业现状污染排放强度较高，特别是食品加工行业排放强度远高于其他行业，规划期间需大幅降低污染排放。

（1）高排放情景下，食品加工和生物医药行业进行环保技术改造，2020 年污染排放强度降低 30%，2030 年污染排放强度较现状降低 50%。2030 年食品行业和生物医药排放 SO_2、NO_x、颗粒物分别为 23 800 t、14 400 t 和 13 400 t。

（2）低排放情景下，生产加工过程中的用热用能由园区统一供应或从外部引入，入园企业不再单独新建生产性锅炉房。2020 年食品行业和生物医药全行业污染排放强度降低 70%，2030 年污染排放强度较现状降低 90%以上。2020 年食品与医药行业排放 SO_2、NO_x、颗粒物分别为 2 200 t、1 330 t 和 1 300 t，2030 年锅炉排放 SO_2、NO_x、颗粒物增长至 4 750 t、2 870 t 和 2 700 t。

表 7-4 不同情景下医药和食品行业排放污染预测 单位：t

情景	2020 年			2030 年		
	SO_2	NO_x	颗粒物	SO_2	NO_x	颗粒物
高排放情景	5 100	3 100	3 100	23 800	14 400	13 400
低排放情景	2 200	1 330	1 300	4 750	2 870	2 700

7.2.3 先进装备制造业

装备制造是示范区规划发展的另一重点，囊括汽车制造、物流装备制造、农机装备制造、航空航天装备制造、光电信息、机器人、新能源新材料等 7 个方面，共布设产业园区 17 个，分别是位于空港经开区的中国长春生态智慧创新园、集成电路产业园、环保装备制造园和冰雪体育装备制造园；位于东北亚国际物流园的物流装备制造园 M7；位于高新北区的光电子与智能装备制造园和新能源新材料产业园；位于长德合作区的航空装备制造园、通用航空产业园和新能源汽车产业园；位于高新南区的光机电产业园和汽车及零部件产业园；九台区布设新能源基地两个、农机装备基地一个、光电信息产业基地一个；吉林高新区布设光电信息产业基地一个，吉林经开区布设航空装备制造基地一个，考虑机械和汽车产业规划产值最高，对规划期间排污量进行预测。

（1）高排放情景下，加快产业转型升级，重点装备制造有机废气进行整治，与现状相比，2020 年污染减排量达到 30%以上，2030 年有机废气减排量达到 50%。2030 年汽车及机械行业排放 SO_2、NO_x、颗粒物分别为 3 500 t、2 090 t 和 7 130 t。

（2）低排放情景下，加强同长春市的协同治理，重点加强高新区和汽车城之间的产业整合，对涉及挥发性有机废气排放的生产工艺进行集中整治，2020 年全市大气污染物及 VOCs 减排量达到 50%以上，2030 年继续提高至 80%。2020 年汽车及机械行业排放 SO_2、NO_x、颗粒物分别为 590 t、370 t 和 2 000 t，2030 年排放 SO_2、NO_x、颗粒物增长至 1 400 t、840 t 和 2 850 t。

表 7-5　不同情景下示范区汽车机械行业排放污染预测　　单位：t

情景	2020 年			2030 年		
	SO_2	NO_x	颗粒物	SO_2	NO_x	颗粒物
高排放情景	950	600	2 000	3 500	2 090	7 130
低排放情景	590	370	1 990	1 400	840	2 850

7.2.4 城市面源

（1）机动车污染排放

高排放情景下，预计 2020 年、2030 年机动车保有量将分别达到 2014 年的 1.7 倍和 2.6 倍，在 2020 年前淘汰所有运营的黄标车，全面实行国Ⅴ标准；2030 年全面实施国Ⅵ标准，并淘汰 30%的国Ⅲ标准重型柴油车和摩托车。2020 年机动车污染排放出现小幅下降，2030 年出现一定程度的增长。

低排放情景下，预计 2020 年、2030 年机动车保有量将分别达到 2014 年的 1.3 倍和 1.7 倍，在 2020 年前淘汰所有运营的黄标车，全面实行国Ⅴ标准，并淘汰 30%的国Ⅲ标准重型柴油车和摩托车；2030 年全面实施国Ⅵ标准，企业内部车辆全部使用节能无污染型车辆，禁止新增并逐步降低柴油车和摩托车数量，2020 年和 2030 年机动车污染排放量不断降低。

表 7-6　2014—2030 年机动车保有量预测　　单位：万辆

指标	2014 年	2015 年	2020 年	2025 年	2030 年
高情景机动车数	150.1	162.4	237.5	317.8	405.6
低情景机动车数	150.1	162.4	195.1	223.1	255.2

表 7-7　2014—2030 年低情景下机动车污染排放量变化　　单位：t

区域	废气排放	2014 年	2015 年	2020 年	2030 年
示范区	总颗粒物	1 000	1 000	740	520
	氮氧化物	10 400	11 100	8 000	5 800
	碳氢化合物	8 800	9 800	7 500	6 000
长春市	总颗粒物	5 100	5 400	3 800	2 600
	氮氧化物	54 200	58 300	41 900	30 200
	碳氢化合物	45 900	51 200	39 600	31 500

（2）长春龙嘉机场污染排放特征

综合预测长春龙嘉机场发展情景，2020 年和 2030 年龙嘉国际机场客运吞吐量分别为 1 500 万人次和 3 000 万人次；货邮吞吐量将分别达到 15 万 t 和 100 万 t。污染排放主要位于空港新城。

表 7-8　2015—2030 年龙嘉机场客、货吞吐量综合预测

指标	项目	2015 年	2020 年	2030 年
旅客吞吐量	总计/万人次	900	1 500	3 000
	年均增长/%	—	10.8	7.2
货邮吞吐量	总计/万 t	9	15	100
	年均增长/%	—	10.8	20.9

表 7-9　龙嘉机场大气污染物排放清单预测汇总　　单位：t/a

年份	SO_x	CO	NMVOC	NO_x	VOC	PM_{10}	$PM_{2.5}$
2015	34.8	726.0	82.9	514.8	83.5	5.8	5.3
2020	58.0	1 209.8	138.1	857.8	139.2	9.6	8.8
2030	116.0	2 420.0	276.2	1 715.8	278.4	19.3	17.6

（3）施工扬尘

考虑规划近期建筑工地较多，施工过程中扬尘对局地空气质量影响较大，规划参考美国环保局经验公式，结合示范区相关因子进行估算，施工扬尘估算公式为

$$\mathrm{EC}=A\times T\times \mathrm{EF_C} \tag{7-1}$$

式中，EC —— 在建工地引起的颗粒物排放量，kg/a；

A —— 施工面积，m^2；

T —— 施工持续时间，月；

EF_C —— 在建工地引起的颗粒物排放系数，kg/（m^2·月），建筑工地的推荐排放系数 $EF_{PM_{10}}$=0.038 2 kg/（m^2·月），EF_{TSP}=0.191 0 kg/（m^2·月）。

施工工地参考长春市历年建筑面积数据进行推算，其中施工面积=建筑面积/建

筑容积率。由相关参数计算得出，示范区近期内施工工地年平均施工时间为 180 d，平均施工面积为 53.28 km^2。施工扬尘主要出现在近期，年 TSP 排放量约为 24 400 t，PM_{10} 排放量 4 900 t。

（4）其他面源

2020 年消除 80%以上的秸秆焚烧现象，2030 年杜绝焚烧秸秆现象的发生。油气储运无组织泄漏量下降 90%～95%，全面完成城市扬尘、建筑喷涂等面源治理。

7.2.5 大气污染排放总量预测

根据上述污染减排措施效果分析，结合常规和强化控制情景设置，预测规划年高、低两种情景下各项污染物排放量变化。

（1）示范区小计

高情景下，2020 年示范区排放 SO_2、NO_x、烟粉尘分别为 10 100 t、32 500 t、23 310 t，2030 年排放 SO_2、NO_x、烟粉尘分别为 37 200 t、49 100 t 和 30 100 t。低情景下，2020 年示范区排放 SO_2、NO_x、烟粉尘分别为 6 600 t、17 490 t、18 500 t，2030 年排放 SO_2、NO_x、烟粉尘分别为 11 800 t、23 900 t 和 7 700 t。

表 7-10 低情景各规划年规划年长春市大气排放量预测 单位：t

项目	2015 年			2020 年			2030 年		
	SO_2	NO_x	PM_{10}	SO_2	NO_x	PM_{10}	SO_2	NO_x	PM_{10}
火电	5 200	3 400	2 520	1 900	2 700	270	7 230	17 000	2 100
供热锅炉	1 223	577	731	3 500	3 500	600	6 100	6 100	1 100
食品及医药	0	0	0	5 100	3 100	3 100	23 800	14 400	13 400
汽车及机械	0	0	0	950	600	2 000	3 500	2 090	7 130
机场	35	515	6	58	858	10	116	1 716	19
机动车	0	11 100	1 000	0	23 174	1 224	0	22 679	1 200
施工扬尘	0	0	0	0	0	13 729	0	0	0
合计	6 458	15 592	4 257	11 508	33 932	20 933	40 746	63 985	24 949

表 7-11　低情景各规划年规划年长春市大气排放量预测　　单位：t

项目	2015 年			2020 年			2030 年		
	SO_2	NO_x	PM_{10}	SO_2	NO_x	PM_{10}	SO_2	NO_x	PM_{10}
火电	5 200	3 400	2 520	1 900	2 700	270	5 000	13 500	1 500
供热锅炉	1 223	577	731	3 500	3 500	600	3 000	4 500	750
食品及医药	0	0	0	2200	1 330	1 300	4 750	2 870	2 700
汽车及机械	0	0	0	590	370	1 990	1 400	840	2 850
机场	35	515	6	60	860	10	120	1 720	20
机动车	0	11 100	1 000	0	10 340	960	0	10 120	940
施工扬尘	0	0	0	0	0	13 730	0	0	0
合计	6 458	15 592	4 257	8 250	19 100	18 860	14 270	33 550	8 760

（2）长春市排放总量预测

在高排放情景下，2030 年长春市 SO_2、NO_x、烟粉尘、VOCs 排放量分别约为 30 400 t、101 300 t、36 000 t 和 90 000 t，分别较现状降低 52%、34%、62%和 1.5%。

表 7-12　高情景各规划年规划年长春市大气排放量预测　　单位：t

项目	2015 年					2030 年				
	SO_2	NO_x	PM_{10}	VOCs	氨	SO_2	NO_x	PM_{10}	VOCs	氨
锅炉	33 289	55 855	6 204	5 560	—	13 314	12 734	1 582	4 200	—
工业	22 718	37 614	36 863	21 342	—	14 540	24 073	23 592	14 939	—
机动车	—	54 000	5 000	45 948	510	—	63 900	5 500	66 700	600
生活	7 344	1 600	17 800	9 763	3 300	2 500	600	5 300	2 000	1 000
农田生产	—	—	—	8 851	8 530	—	—	—	2 200	6 200
畜禽养殖	—	—	—	—	60 000	—	—	—	—	14 200
总计	63 600	154 000	93 900	91 464	72 340	30 354	101 307	35 974	90 039	22 000

在低排放情境下，长春市 2030 年污染排放量较现状排放有了较大幅度的下降，SO_2、NO_x、PM_{10}、VOCs 分别较现状降低 69%、54%、77%和 27%，排放量分别降

至 19 400 t、69 500 t、19 800 t 和 66 900 t。

表 7-13 低情景各规划年规划年长春市大气排放量预测 单位：t

项目	2015 年					2030 年				
	SO_2	NO_x	PM_{10}	VOCs	氨	SO_2	NO_x	PM_{10}	VOCs	氨
锅炉	33 289	55 855	6 204	5 560	—	10 084	9 724	1 312	4 200	—
工业	22 718	37 614	36 863	21 342	—	6 816	11 284	11 059	8 500	—
机动车	—	54 000	5 000	45 948	510	—	28 500	4 300	20 000	600
生活	7 344	1 600	17 800	9 763	3 300	2 500	600	5 300	2 000	1 000
农田生产	—	—	—	8 851	8 530	—	—	—	2 200	6 200
畜禽养殖	—	—	—	—	60 000	—	—	—	—	14 200
总计	63 600	154 000	93 900	91 464	72 340	19 400	69 533	19 796	66 925	22 000

7.3 大气环境容量测算

7.3.1 示范区环境容量

采用 A 值法测算 SO_2、NO_x、PM_{10}、一次颗粒物在 2015 年 1 月、4 月、7 月、10 月 4 个典型月份的扩散能力和环境容量值，并分析 3 种大气污染物在示范区的环境容量分布。

区域气象扩散特征显示，表征水平扩散能力的水平风速和垂直扩散能力的混合层高度均呈现由东南向西北递增趋势；由于东南侧大黑山对风场的阻隔效应，在大黑山山脉西侧山脚存在明显的滞风区，风速较弱，混合层高度较低。

在示范区内存在两个低风速扩散优异区，分别是以高新南区为中心的城区低值区和空港东北侧，两处区域与大黑山距离适当，风场易在此发生辐合效应，风向转变较大，垂向混合扩散能力良好，整体大气扩散能力优异。示范区东侧和东南部存在一个扩散能力显著的低值区，主要位于临近大黑山和石门头口水库两种相交区域，山体的阻挡导致风速较低，水库热容较大，垂向扰动能力较弱，综合导致扩散能力较差。

与长春市整体相比，示范区整体扩散能力中等。整体扩散能力为长春部分优于吉林部分。考虑各个片区建设用地规模，在国家空气质量二级标准条件下，评估示范区理想状况下大气环境容量值，示范区 SO_2、NO_x、PM_{10}、$PM_{2.5}$ 的环境容量分别约为 49 300 t/a、32 900 t/a、57 200 t/a 和 28 700 t/a。

表 7-14　长吉产业创新发展示范区大气理想环境容量

区域	面积/km^2		A 值	环境容量/（t/a）			
	控制区	建设用地		SO_2	NO_x	PM_{10}	$PM_{2.5}$
示范区内长春部分	1 784	290	6.2	23 700	15 800	27 500	13 800
示范区内吉林部分	1 926	119	5.8	25 600	17 100	29 700	14 900
小计	3 710	478	—	49 300	32 900	57 200	28 700

7.3.2　长春市最大允许排放量

考虑长春市对示范区的传输影响关系，采取线性规划法测算长春市污染传输排放对示范区内高新南区、高新北区、长德合作区和空港新城 4 个代表性功能组团空气质量的影响，在各组团空气质量均能达标的情况下，求取长春市最大允许排放量。

本书针对 SO_2、NO_x、PM_{10}、一次 $PM_{2.5}$，采用区域环境容量资源最大化模型，建立目标函数和约束条件，基本方程如下。

$$\max Q = Q_a + \sum_{i=1}^{n} Q_i \tag{7-1}$$

$$\sum_{j=1}^{m} f_{ij} Q_i + C_{oj} \leqslant C_{sj} \quad (j = 1,2,\cdots,m; i = 1,2,\cdots,n) \tag{7-2}$$

$$0 < Q_{i,\min} \leqslant Q_i \leqslant Q_{i,\max} \quad (i = 1,2,\cdots,n) \tag{7-3}$$

式（7-1）为目标函数，式中，Q 为长春市污染源排污总量（单位时间）；Q_a 为长春市不可控制污染（天然源）排放总量，n 为不同类型污染源数；Q_i 为第 i 类污染源的排放量，也是模型的规划变量。

式（7-2）为目标函数环境质量约束条件，式中，j 为示范区功能组团；f_{ij} 为第 i 类污染源对第 j 个组团的浓度贡献率；C_{sj} 为第 j 控制点的环境质量目标。本书中，各污染指标的环境质量目标参考 2012 年大气环境质量新标准。

式（7-3）为排放量上下界约束，根据区域产业发展规划、生产技术水平、污染控制的经济技术条件等因素综合确定。每类污染源（单元）内的排放量 Q_i 最小不得低于产业发展所需的最低排放量 $Q_{i,\min}$，最大不得高于国家总量控制要求和现在排放量。

（1）分区大气污染排放现状

现状工业工业点源分布较少，现在仅有 7 家，排放 SO_2、NO_x、烟粉尘分别为 7 546 t、4 555 t、5 427 t，占长春市工业点源排放总量的 15.0%、5.1%和 9.3%；示范区总计排放 SO_2、NO_x、烟粉尘分别为 8 500 t、9 300 t、8 200 t，分别占长春市大气污染物总量的 13.7%、6.3%和 8.9%。

（2）区域污染物浓度传输关系

示范区内污染排放仍相对较低，与长春市、吉林市整体相比占比较小。长春新区范围内，根据区域大气污染传输关系，长春新区内各大气污染物均以长春市传输占比最高，其中高新南区本地贡献相对较高，本地贡献和区域传输大致比例相当；高新北区、空港和长德个合作区 3 个区域新区外传输贡献比例在 80%以上，本地贡献和区域传输比例大致在 2∶3 左右。

表 7-15　长吉产业创新发展示范区大气污染物来源特征　　单位：%

污染物指标	示范区贡献	区域传输	合计贡献
SO_2	39.1	60.9	100
NO_x	42.3	57.7	100
PM_{10}	40.9	59.1	100
$PM_{2.5}$	41.1	58.9	100

示范区内污染区域主要集中于高新南区和临近长春市的高新北区，对各污染物均需进行协同控制，重点控制 PM_{10} 和一次 $PM_{2.5}$ 排放。现状长德经济区和空港经济区浓度较低，不构成对长春市污染排放进行限制的核心因素。

（3）区域污染最多允许排放量

通过 CALPUFF 建立起各排放源和各功能组团的响应关系，在各功能组团均能达标的情况下，长春市需协同将 SO_2、NO_x、PM_{10}、$PM_{2.5}$ 污染排放分别控制在 4.72 万 t/a、5.17 万 t/a、3.11 万 t/a 和 1.71 万 t/a。

表 7-16　长吉产业创新发展示范区各污染物浓度评估值　　单位：μg/m³

区域	SO_2	NO_x	PM_{10}	$PM_{2.5}$
空港经济区	18.8	43.7	43.1	29.5
高新北区	32.9	82.9	79	54.2
长德经济区	24.8	60.5	58.3	39.9
高新南区	77.8	140	171	113
示范区评价	38.6	81.8	87.9	59.1
二级标准	60	40	70	35

7.4　大气环境质量影响模拟及承载状况评估

以 2015 年为基准年，在同样气象条件下，考虑大气减排措施与技术进步等因素，预测 2020 年和 2030 年高、低两种情景下各规划年污染物浓度。

7.4.1　规划情景空气质量达标分析

高方案情景下，到 2030 年示范区 $PM_{2.5}$ 平均浓度降至 37 μg/m³，相比 2015 年仅下降 36%左右，仍无法实现 $PM_{2.5}$ 浓度达标；特别是在高新南区，预测 $PM_{2.5}$ 浓度为 62 μg/m³，超标 77%。

低方案情景下，到 2030 年示范区 $PM_{2.5}$ 平均浓度降至 23 μg/m^3，相比 2015 年仅下降 58%左右，其中空港新区、长德经济区已降至较低水平，高浓度区仍然集中在高新南区，最大年均浓度 40 μg/m^3，略高于二级标准 35 μg/m^3。

规划期间 NO_x 控制和削减难度较大，多数区域仍处于轻度超标状态，并由此导致二次 $PM_{2.5}$ 占 PM_{10} 比例较高，$PM_{2.5}$ 中二次组分占比较大，控制难度提高。

表 7-17 规划 2030 年不同情景下长春市空气质量预测 单位：μg/m^3

区域	2030 年高情景				2030 年低情景			
	SO_2	NO_x	PM_{10}	$PM_{2.5}$	SO_2	NO_x	PM_{10}	$PM_{2.5}$
空港	13	78	25	24	9	28	14	15
高新北区	17	90	39	33	11	32	22	20
长德合作区	16	82	31	28	10	35	18	17
高新南区	30	188	68	62	19	45	46	40
标准值	60	40	70	35	60	40	70	35

7.4.2 不同规划目标年下环境质量预测

考虑低情景下空气质量达标效果较好，以低情景为基础分析各污染物在规划目标年下的达标情况：

2020 年，各污染物均出现一定程度的下降，其中 SO_2 下降程度较大，区域内基本消除超标现象的发生；NO_x 主要由于机动车数量的增加，长春城区超标的范围有一定的缩减，高新、北湖等区域仍处于高浓度区内；在火电和锅炉大幅削减排放的情况下，城区内 PM_{10} 浓度下降 23%，北湖、长德、高新区由于开工工地较多，局地出现浓度增加的现象；$PM_{2.5}$ 浓度受 PM_{10} 中一次 $PM_{2.5}$ 和前体物的影响，示范区内局部存在浓度增加现象。

2030 年，各污染物浓度出现分化，SO_2 浓度全部达标，大多数区域降至一级标准左右；在人口加速集中过程中，机动车和龙嘉机场共同作用下，城区 NO_x，局部存在浓度增加现象，高新、北湖和空港局地存在超标现象；在示范区主要建设完成、施工扬尘消除的情况下，PM_{10} 浓度得到大幅下降，可以满足二级标准要求；$PM_{2.5}$ 高浓度超标区主要集中在临近城区的高新南区，年均值最大超标 12%。

7.4.3　规划情境下大气环境承载力分析

在高排放情境下，2030 年示范区和长春市污染排放均处于超载状态，其中示范区 SO_2、NO_x、PM_{10} 承载率为 243.3%、481.3%和 169.0%，长春市 SO_2、NO_x、PM_{10} 承载率为 64.3%、196.0%和 115.7%。

在低排放情境下，2030 年示范区和长春市污染排放均处于超载状态，其中示范区 SO_2、NO_x、PM_{10} 承载率为 77.2%、98%和 43.2%，长春市 SO_2、NO_x、PM_{10} 承载率为 41.1%、110%和 63.7%。

7.5　基于大气环境承载的区域优化发展建议

基于示范区内大气环境模拟测算结果，对各个控制单元大气环境理论容量测算，确定规划各单元的允许排污总量和重点控制措施：

（1）空港经济开发区东区自身污染排放较低，距离其他工业组团距离较远，受区域间污染传输较小。应结合“清洁能源创新示范区”建设，削减自身能源消耗导致的污染排放，优化公共建筑节能，在区域内赛事观览、体育休闲场所禁止使用燃煤型锅炉，2020 年清洁能源供热比重大于 50%，减少温室气体排放，规划 2030 年区内除备用锅炉外，全部清洁能源供热。

（2）空港经济开发区西区 SO_2、NO_x、PM_{10} 的环境容量分别约为 4 200 t/a、2 800 t/a、5 000 t/a。规划期间主要控制因子为氮氧化物和挥发性有机物，2020 年筛选核查区域重点挥发性有机物排放清单，2030 年将挥发性有机物纳入总量控制要求。规划期间制定机场大气环境监测计划，将机场大气污染防治纳入示范区大气污染防控体系，并根据运行监测情况开展后续飞机尾气环境影响专题研究，适时开展机场地面车辆、机械设备的清洁化改造。

（3）高新北区 SO_2、NO_x、PM_{10}、$PM_{2.5}$ 的环境容量分别为 4 900 t/a、3 200 t/a、5 700 t/a 和 2 800 t/a。考虑北湖科技开发区以机械制造、物流为主的发展定位，区内汽车、机械、食品加工产业发展较快，汽车产业喷涂 VOCs 排放强度较大，对交通废气、挥发性有机物同步开展污染总量控制，对泄漏工艺环节开展重点控制。重点在企业内部、车间推广以电力和清洁能源为主的汽车和机械，2030 年区内作业车辆新能源比例达到 20%以上。

（4）九台老城区污染排放强度较高，应逐步完善现有污染排放的控制，重点对区内现有工业企业开展污染整治，对不符合环保要求的小型污染企业限期淘汰或强制搬迁，未能达标的工业企业进行重点环保治理，严格居民在采暖、餐饮等无组织控制排放的控制水平。

（5）吉林高新技术产业开发区内工业企业数量较多，其中精细化工产业对大气环境的影响和环境风险的影响相对较大。重点控制化工行业无组织排放中挥发性有机物的控制，加强环境影响防范，控制安全防护距离，避免事故风险过程中泄漏有毒有害废气对周边人群身体健康的影响。

（6）长春高新南区 SO_2、NO_x、PM_{10}、$PM_{2.5}$ 的环境容量分别约为 2 600 t/a、1 700 t/a、3 100 t/a 和 1 500 t/a。区内现状污染排放已较高，规划期间应强化产业准入。提高生物医药行业废气排放标准，将涉及恶臭、气味、污染物浓度未能达标排放的生产工艺列入负面清单。设置汽车喷涂挥发性有机物控制标准要求，以此作为园区的准入清单的底线。加强与周边区域配合，降低产品的运输距离，将设计污染的重点工艺环节采取集中生产、集中收集、集中治理的方式。

第 8 章

基于水环境承载力的空间管控研究及应用探索

8.1 水环境质量底线确定

示范区内饮马河、伊通河、鳌龙河等河流是松花江—黑龙江流域的重要支流，其汇入干流的水环境质量直接影响着下游松花江和黑龙江水环境安全水平。为避免重蹈 2005 年“松花江水污染事件”（发生于示范区松花江干流河段对岸）的覆辙，严格控制示范区水体有毒有害污染物以及不易降解污染物的排放，对于维护中俄界河黑龙江水环境安全具有重大意义。

长吉产业创新发展示范区内石头口门水库是长春市最主要的水源地之一，承担了市区 80%的自来水供应。严格限制石头口门水库上游的矿业开采、工农业水污染排放，保障长春市饮用水水源地水质安全是示范区的核心环境职责之一。另外，长吉产业创新发展示范区是重要的粮食（稻谷）主产区之一，保证稻田灌溉用水水质安全，应重点限制涉重相关行业发展。

吉林省水环境功能区划对示范区内 15 条主要河流提出了水质目标要求。根据吉林省水环境功能区划，结合长春、吉林水质要求，考虑示范区水质现状，设置示范区分阶段质量目标。到 2020 年，示范区在上游来水水质达标的情况下，各流域基本消灭劣Ⅴ类水体。城市集中式饮用水水源水质达到或优于Ⅲ类比例总体高于 95%。到 2030 年，示范区各流域全部消灭劣Ⅴ类水体，饮马河、鳌龙河、雾开河干流等河流水质达到或优于Ⅲ类；城市集中式饮用水水源水质达到或优于Ⅲ类比例总体高于 99%。

图 8-1 长吉产业创新发展示范区地表水环境质量底线目标

区域内各河段水环境质量底线目标如下：

（1）伊通河：四化桥—万金塔公路桥，为长春市、农安县、德惠市农业用水区，水质目标为Ⅴ类。

（2）雾开河：三道镇—卡伦湖水库坝址，为长春市、九台区景观娱乐用水、渔业用水区，水质目标为Ⅲ类；卡伦湖水库坝址—干雾海河河口，为九台区、德惠市农业用水区，水质目标为Ⅲ类。

（3）干雾海河：源头—河口，为德惠市农业用水区，水质目标为Ⅳ类。

（4）饮马河：石头口门水库库尾—石头口门水库坝址，水质目标为Ⅱ类、Ⅲ类；

石头口门水库坝址—雾开河口，为九台区、德惠市农业用水区，水质目标为III类。

（5）岔路河：饮马河上游支流，汇入石头口门水库，水质目标为III类。

（6）鳌龙河：源头—三家子乡，源头水保护区，水质目标为II类；三家子—河口，农业用水、渔业用水，水质目标为III类；

（7）搜登河：鳌龙河重要支流，源头—胖头沟水库坝址，水质目标为II类；胖头沟水库坝址—河口，水质目标均为III类。

（8）一拉溪河：鳌龙河重要支流，水质目标III类。

（9）大绥河：鳌龙河重要支流，水质目标III类。

（10）西流松花江干流：第二松花江吉林市工业用水区，水质目标为IV类。

表 8-1　长吉产业创新发展示范区水环境质量底线目标

序号	河流	起始断面	终止断面	水功能区名称、功能	水质目标
1	西流松花江	松花江大桥	通气河口	第二松花江吉林市工业用水区	IV类
2	鳌龙河	源头	三家子乡	鳌龙河永吉县源头水保护区	II类
3	鳌龙河	三家子乡	河口	鳌龙河永吉县农业用水区和渔业用水区	III类
4	一拉溪河	源头	河口	一拉溪河永吉县农业用水区和渔业用水区	III类
5	搜登河	源头	胖头沟水库坝址	搜登河永吉县源头水保护区	II类
6	搜登河	胖头沟水库坝址	河口	搜登河永吉县农业用水区和渔业用水区	III类
7	大绥河	源头	河口	大绥河永吉县农业用水区和渔业用水区	III类
8	饮马河	亚吉水库坝址	石头口门水库库尾	饮马河磐石市、双阳区、永吉县农业用水区、渔业用水区和工业用水区	III类
9	饮马河	石头口门水库库尾	石头口门水库坝址	饮马河长春市饮用水水源地和渔业用水区	II、III类
10	饮马河	石头口门水库坝址	雾开河河口	饮马河九台区、德惠市农业用水区	III类
11	岔路河	取柴河镇	河口	岔路河磐石市、永吉县农业用水区和渔业用水区	III类

序号	河流	起始断面	终止断面	水功能区名称、功能	水质目标
12	雾开河	三道镇	卡伦湖水库坝址	雾开河长春市、九台区景观娱乐用水区和渔业用水区	Ⅲ类
13	雾开河	卡伦湖水库坝址	干雾海河口	雾开河九台区、德惠市农业用水区	Ⅲ类
14	干雾海河	源头	河口	干雾海河德惠市农业用水区	Ⅳ类
15	伊通河	四化桥	万金塔公路桥	伊通河长春市、农安县、德惠市农业用水区	Ⅴ类

8.2 水环境污染排放预测

结合资料，按照第一、第二、第三产业分类，根据相关资料进行排污系数预测，设置水污染排放相关参数，见表 8-2。

表 8-2 长吉产业创新发展示范区工业增加值排污强度模拟 单位：kg/万元

2020 年 COD 系数	低排放	0.1
	中排放	0.2
	高排放	0.4
2020 年氨氮系数	低排放	0.01
	中排放	0.02
	高排放	0.04
2030 年 COD 系数	低排放	0.05
	中排放	0.15
	高排放	0.2
2030 年氨氮系数	低排放	0.005
	中排放	0.01
	高排放	0.02

注：表中数据参考北京、上海、天津、重庆、成都等城市数据，结合 13 个功能组团的第二产业排污强度进行预测。

表 8-3　长吉产业创新发展示范区城镇生活源产污强度与去除效率模拟

项目	2020 年	2030 年
城镇生活污染物综合产生系数-COD/[g/（人·d）]	70	80
城镇生活污染物综合产生系数-氨氮/[g/（人·d）]	8.2	9
COD 城镇生活污染去除效率（城区）/%	95	98
氨氮城镇生活污染去除效率（城区）/%	80	95

注：参考“十二五”总量减排技术参数进行预测。

经综合分析，预测示范区 2020 年、2030 年水环境主要污染物排放情况见表 8-4。

表 8-4　长吉产业创新发展示范区水环境主要污染排放预测一览表（2020 年）

单位：t/a

区域	2020 年污染排放预测					
	COD-城镇	COD-工业	COD-合计	氨氮-城镇	氨氮-工业	氨氮-合计
空港经济开发区	255.5	20	275.5	119.72	4	123.72
长东北产业新城和九台经济开发区	600.43	2 090	2 690.43	281.34	222.5	503.84
九台老城区	255.5	150	405.5	119.72	15	134.72
吉林产业新城	255.5	390	645.5	119.72	36	155.72
吉林中新食品区	63.9	200	263.9	30	20	50
长春高新区（南区）	511	855.3	1 366.3	239.44	121.3	360.74
合计	5 647.13			1 328.74		

表 8-5 长吉产业创新发展示范区水环境主要污染排放预测一览表（2030 年）

单位：t/a

区域	2030 年污染排放预测					
	COD-城镇	COD-工业	COD-合计	氨氮-城镇	氨氮-工业	氨氮-合计
空港经济开发区	233.6	55	288.6	65.7	4.5	70.2
长东北产业新城和九台经济开发区	992.8	3 015	4 007.8	279.23	290	569.23
九台老城区	116.8	280	396.8	32.85	28	60.85
吉林产业新城	233.6	775	1 008.6	65.7	57.5	123.2
吉林中新食品区	87.6	360	447.6	24.6	36	60.6
长春高新区（南区）	292	1 262.9	1 554.9	82.13	174.7	256.83
合计	7 704.3			1 140.91		

8.2.1 空港经济开发区

根据区域相关规划，其水污染物受纳水体为饮马河干流（石头口门水库大坝处为起点至小南河汇入饮马河干流处）及其所处支流区域。

（1）产业发展方向

长春空港经济开发区分为东区和西区 2 个功能单元，其产业发展方向为：长春空港经济开发区东区发展国际事务合作服务、商务金融、文化创意、体育健康、休闲旅游等现代高端服务业。同时，按照“产城融合”的发展理念，加强城市功能建设，进一步完善基础设施建设，加强生态环境保护和景观打造，全面提升城市综合服务功能配套能力，打造东北亚区域开放与合作中心和东北亚绿色消费中心。长春空港经济开发区空港西区重点发展智能控制与感知技术产业（主要包括智能设备、电子元器件、节能技术三大产业方向）、冰雪体育装备制造业以及航空物流业。

（2）城镇人口预判

由于东、西两区分别位于饮马河左右岸，相距较近且排污去向一致，故根据规划，两区合并预计城镇总人口规模为：2020 年达到 20 万人，2030 年达到 40 万人。

（3）水污染排放预测

基于城镇人口规模预判，依据表 2-3 的排污系数，测算城镇生活源排放情况（考虑城镇生活污水处理的情况，下同）为

城镇-COD 排放情况：2020 年 255.5 t，2030 年 233.6 t；

城镇-氨氮排放情况：2020 年 119.72 t，2030 年 65.7 t。

由于长春空港经济开发区主要产业发展方向预判为第三产业，故工业污染排放较少。涉及的第二产业主要为电子设备制造行业、新材料新能源行业，工业源水污染物排放预测为

工业-COD 排放情况：2020 年 20 t，2030 年 55 t；

工业-氨氮排放情况：2020 年 4 t，2030 年 4.5 t。

8.2.2　长东北产业新城和九台经济开发区

水污染排放去向为伊通河干流示范区段、干雾海河示范区段和雾开河示范区段。

（1）产业发展方向

长东北产业新城和九台经济开发区包括东北亚国际物流园、高新北区、长德合作区、经开北区、兴隆综合保税区和九台经济开发区等 6 个功能单元，其产业发展方向为：新能源汽车、物流装备制造、航空航天装备制造、农机装备制造、生物医药、光电子与智能制造、新能源新材料、绿色保健食品加工、生物医药（中成药、生物制药）、汽车电子与零部件、机电产品、石油机械、工业模具、新型绿色建材、环保材料、金属新材料等产业，发展物流、会展等现代服务业。

（2）城镇人口预判

由于城镇总人口规模：2020 年达到 47 万人，2030 年达到 170 万人。

（3）水污染排放预测

城镇-COD 排放情况：2020 年 600.43 t，2030 年 992.8 t；

城镇-氨氮排放情况：2020 年 281.34 t，2030 年 279.23 t；

工业-COD 排放情况：2020 年 2 090 t，2030 年 3 015 t；

工业-氨氮排放情况：2020 年 222.5 t，2030 年 290 t。

8.2.3 九台老城区

九台老城区水污染排放去向为小南河子流域（饮马河示范区下游支流）。

（1）产业发展方向

产业重点发展方向为：精优食品加工基地（畜禽产品、粮食、特产加工、保健品）、新能源新材料产业基地（风能、太阳能、生物质能设备研发、制造、应用、生物质发电、生物质成块燃料和化纤纺织）。

（2）城镇人口预判

城镇总人口规模在现有基础（19.5 万人）上略有增长：2020 年达到 20 万人，2030 年仍保持为 20 万人。

（3）水污染排放预测

城镇-COD 排放情况：2020 年 255.5 t，2030 年 116.8 t；

城镇-氨氮排放情况：2020 年 119.72 t，2030 年 32.85 t；

工业-COD 排放情况：2020 年 150 t，2030 年 280 t；

工业-氨氮排放情况：2020 年 15 t，2030 年 28 t。

8.2.4 吉林产业新城

区内水污染排放去向为通气河、土城子河、大绥河、大绥河支沟、西流松花江干流。

（1）产业发展方向

产业重点发展方向为：重点发展碳纤维和化工中间品、航空设备制造、软件开发、电子元器件和监测监控设备研发及制造等主导产业，发展现代服务业。

（2）城镇人口预判

2020 年达到 20 万人，2030 年仍保持为 40 万人。

（3）水污染排放预测

城镇-COD 排放情况：2020 年 255.5 t，2030 年 233.6 t。

城镇-氨氮排放情况：2020 年 119.72 t，2030 年 65.7 t。

工业-COD 排放情况：2020 年 390 t，2030 年 775 t。

工业-氨氮排放情况：2020 年 36 t，2030 年 57.5 t。

8.2.5　吉林中新食品区

区内水污染排放去向为石头口门水库上游支流——岔路河流域、鳌龙河源头。

（1）产业发展方向预判

产业重点发展方向为：食品检验检疫实验室技术体系、国家绿色安全食品认证、安全健康食品研发及加工以及现代农业。

（2）城镇人口预判

2020 年达到 5 万人，2030 年仍保持为 15 万人。

（3）水污染排放预测

城镇-COD 排放情况：2020 年 63.9 t，2030 年 87.6 t。

城镇-氨氮排放情况：2020 年 30.0 t，2030 年 24.6 t。

工业-COD 排放情况：2020 年 200 t，2030 年 360 t。

工业-氨氮排放情况：2020 年 20 t，2030 年 36 t。

8.2.6　高新南区

区内水污染物排放主要去向应为永春河及其支流富裕河。

（1）产业发展方向

产业重点发展方向为：发展汽车产业、光电信息、生物医药、文化创意、城市服务等产业。全面完善城市功能配套，提高公共服务设施配套水平，完善城市基础设施建设，加快现代化智能城市轨道建设，加强城市绿色公园建设，构建便捷的涵盖教育培训、医疗机构、商购中心、银行网点、高端社区等配套在内的生活网络，全面提升城市综合服务能力，逐步加强环境改善工作，打造功能完善、宜商宜游、宜居宜业的现代化新城。

（2）城镇人口预判

2020 年达到 40 万人，2030 年达到 50 万人。

（3）水污染排放预测

COD 排放情况：2020 年 511.00 t，2030 年 292.00 t。

氨氮排放情况：2020 年 239.44 t，2030 年 82.13 t。

工业-COD 排放情况：2020 年 855.3 t，2030 年 1 262.9 t。

工业-氨氮排放情况：2020 年 121.3 t，2030 年 174.7 t。

8.3 水环境容量测算

建立“河段-对应控制单元-理论环境容量”分析模型。根据示范区内流域划分及水功能区划结果，按照流入界内和流出界外的水体水环境质量达到水功能区划的要求，参考相关环境容量测算技术成果，分别估算 39 条长度超过 10 km 的河道的理论水环境容量（根据需要，将邻近的西流松花江干流示范区段也纳入估算范围）。

由于所需河流计算单元较长且河深较浅、河宽较窄，只用考虑河流河道对水体污染物纵向稀释和降解作用，故采用一维水质模型计算示范区相关河道单元的水环境容量。

基于 2030 年水环境质量目标要求，参考 2003 年国家环保总局组织开展的环境容量测算技术成果，依据吉林省水环境容量核定成果，确定综合降解系数如下，COD 综合降解系数为 0.15/d，氨氮综合降解系数为 0.08/d，城镇集中式饮用水水源一级保护区上游估算高锰酸盐指数的环境容量，高锰酸盐指数综合降解系数取值 0.15/d。

经测算，受流量等的影响，示范区水环境容量较小。示范区理论 COD 容量约为 6 591 t/a，氨氮容量约为 180 t/a。

图 8-2　长吉产业创新发展示范区水环境容量承载河道分布示意图

另外，西流松花江干流示范区段根据水质目标要求（Ⅳ类），流域 COD 的理论环境容量为 8 912.39 t/a，氨氮的理论环境容量为 237.65 t/a。永春河示范区段根据水质目标要求（Ⅴ类），流域 COD 的理论环境容量为 57.26 t/a。氨氮的理论环境容量为 1.53 t/a。

表 8-6　长吉产业创新发展示范区各流域水环境容量测算结果　　单位：t/a

流域名称	理论水环境容量	
	COD	氨氮
伊通河	3 035.83	80.77
干雾海河	223.70	5.75

流域名称	理论水环境容量	
	COD	氨氮
雾开河	327.30	8.50
饮马河	1 534.13	40.40
鳌龙河	1 361.81	41.53
土城子河	58.33	1.55
通气河	49.58	1.32
合计	6 590.69	179.81

（1）伊通河流域

伊通河流域内河长超过 10 km 的河流共 2 条，分别估算河段的 COD 和氨氮的理论环境容量。根据相关河段水质目标要求，流域 COD 理论环境容量共计 3 035.83 t/a，氨氮理论环境容量共计 80.77 t/a。

表 8-7　伊通河理论环境容量

河流名称	河流长度/km	流量/（m^3/s）	流速/（m/s）	COD 理论容量/（t/a）	氨氮理论容量/（t/a）
伊通河	43.36	8.35	0.268	2 968.77	78.98
伊通河支沟 1	12.24	0.50	0.2	67.06	1.79
合计				3 035.83	80.77

（2）雾海河流域

雾海河流域流域内河长超过 10 km 的河流 1 条，估算河段的 COD 和氨氮的理论环境容量。根据相关河段水质目标要求，COD 理论环境容量为 223.70 t/a，氨氮理论环境容量为 5.75 t/a。

（3）雾开河流域

雾开河流域内河长超过 10 km 的河流共 3 条，分别估算河段的 COD 和氨氮的理论环境容量。根据相关河段水质目标要求，流域 COD 理论环境容量共计 327.30 t/a，氨氮理论环境容量共计 8.49 t/a。

表 8-8 雾开河理论环境容量

河流名称	河流长度/km	河段 COD 理论容量/（t/a）	河段氨氮理论容量/（t/a）
雾开河	41.34	270.18	6.99
雾开河支沟 1	16.13	25.40	0.67
雾开河支沟 2	20.07	31.72	0.84
合计		327.30	8.49

（4）饮马河流域

饮马河流域内河长超过 10 km 的河流共 16 条，划分为 21 个河段，其中城镇集中式饮用水水源一级保护区上游估算高锰酸盐指数和氨氮的理论环境容量，其他河段估算 COD 和氨氮的理论环境容量。根据相关河段水质目标要求，饮马河流域高锰酸盐指数水环境容量共计 24.39 t/a，COD 理论环境容量共计 1 534.13 t/a；氨氮理论环境容量共计 40.40 t/a。

（5）鳌龙河河流域

鳌龙河流域内河长超过 10 km 的河流共 14 条，划分为 18 个河段，分别估算河段的 COD 和氨氮的理论环境容量。根据相关河段水质目标要求，流域 COD 理论环境容量共计 1 361.81 t/a；氨氮理论环境容量共计 41.53 t/a。

（6）土城子河与通气河

土城子河与通气河流域内河长超过 10 km 的河流共 3 条，分别估算河段的 COD 和氨氮的理论环境容量。根据相关河水质目标要求，流域 COD 理论环境容量共计 107.91 t/a，氨氮理论环境容量共计 2.86 t/a。

表 8-9 土城子河与通气河理论环境容量

河流名称	对应管控区	河流长度/km	河段 COD 理论容量/（t/a）	河段氨氮理论容量/（t/a）
土城子河	13 区	18.48	58.33	1.55
通气河	13 区	10.80	33.90	0.90
通气河支沟 1-1	13 区	10.00	15.68	0.42
合计			107.91	2.86

8.4 水环境承载状况评估

示范区各河流水体理论环境容量（不考虑西流松花江容量）为：COD 6 590.69 t/a，氨氮 179.81 t/a。示范区内现状排污量（按重点源统计）为 COD 7 327.08 t/a，氨氮 1 888.27 t/a。由此可见，示范区内污染排放已超出水体理论环境容量（氨氮超标情况相当严重），加之上游和邻岸污染影响，示范区内水环境质量改善压力较大。

表 8-10 长吉产业创新发展示范区环境容量及污染排放对比 单位：t/a

流域名称	环境容量		污染排放	
	COD	氨氮	COD	氨氮
伊通河	3 035.83	80.77	235.74	22.21
干雾海河	223.7	5.75	21.23	1.65
雾开河	327.3	8.5	4.05	0.37
饮马河	1 534.13	40.4	474.28	73.02
鳌龙河	1 361.81	41.53	乡镇生活源和农业面源为主	
土城子河、通气河（西流松花江）	107.91（9 020.3）①	2.87（240.52）①	6 594.67	1 791.37
合计	6 590.69	179.81	7 327.08	1 888.27

注：①括号内数据为增加西流松花江示范区段后估算的水环境理论容量。

分流域来看，饮马河流域氨氮排放超出 32.27 t/a，土城子河与通气河流域超出理论环境容量较为严重，即使考虑到西流松花江干流容量，COD 和氨氮排放也有可能超出水环境容量（其中，氨氮超标情况仍很严重）。

分控制单元来看，现状有 3 个单元存在污染企事业单元水污染排放已超出理论环境容量的情况。吉林省天景食品有限公司九台基地需大幅度削减 COD 和氨氮排放，九台区污水处理站需大幅度削减氨氮排放，吉林市污水处理公司和吉林化纤集团有限责任公司需大幅度削减 COD 和氨氮排放。

表 8-11　超标控制单元内污染排放状况　　单位：t/a

河段名称	COD 理论容量	氨氮理论容量	重点源名称	COD 排放量	氨氮排放量
小南河上游段	13.72	0.36	吉林省天景食品有限公司九台基地	160.80	41.40
饮马河干流出境段	631.24	16.59	九台区污水处理站	303.75	30.06
土城子河与通气河①	49.58	1.32	华润雪花啤酒（吉林）有限公司	127.57	20.00
			吉林市污水处理公司	3 788.78	1 431.94
			康乃尔化学工业股份有限公司	294.00	19.00
			吉林燃料乙醇有限责任公司	216.92	26.83
			吉林化纤集团有限责任公司	2 167.40	293.60

注：①不考虑西流松花江干流的理论容量。

根据水环境污染排放预测和水环境容量测算结果，示范区各河流水体理论环境容量（不考虑西流松花江容量）为 COD 6 590.69 t/a，氨氮 179.81 t/a。示范区 2020 年污染排放预测为 COD 4 260.83 t/a，氨氮 964 t/a；2030 年污染排放预测为 COD 6 094.4 t/a，氨氮 879.58 t/a。由此可见，示范区总体上氨氮超出水体理论环境容量。

表 8-12 长吉产业创新发展示范区水环境主要污染物污染排放预测

单位：t/a

城区名称	2020 年污染排放预测		2030 年污染排放预测	
	COD	氨氮	COD	氨氮
空港经济开发区	255.5	119.72	233.6	65.7
长东北产业新城和九台经济开发区	2 690.43	503.84	4 007.8	569.23
九台老城区	405.5	134.72	396.8	60.85
吉林产业新城	645.5	155.72	1 008.6	123.2
吉林中新食品区	263.9	50	447.6	60.6
合计	4 260.83	964	6 094.4	879.58

伊通河、干雾海河和雾开河的理论环境容量为 COD 3 586.83 t/a、氨氮 95.02 t/a。而对应的长东北产业新城和九台经济开发区 2020 年污染排放预测为 COD 2 690.43 t/a，氨氮 503.84 t/a；2030 年污染排放预测为 COD 4 007.8 t/a，氨氮 569.23 t/a。从流域尺度来看，氨氮预测排污量严重超出理论环境容量，2030 年 COD 预测排污量略微超出理论环境容量。

饮马河流域的理论环境容量为 COD 1 534.13 t/a、氨氮 40.40 t/a。而对应的空港经济开发区和九台老城区污染排放预测为：2020 年 COD 661.00 t/a、氨氮 254.44 t/a，2030 年 COD 630.4 t/a，氨氮 126.55 t/a。从流域尺度来看，氨氮预测排污量严重超出理论环境容量。

鳌龙河流域的理论环境容量为 COD 1 361.81 t/a、氨氮 40.40 t/a。对应的吉林中新食品城（暂定为主要排入鳌龙河）污染排放预测为：2020 年 COD 263.9 t/a、氨氮 50 t/a，2030 年 COD 447.6 t/a，氨氮 60.6 t/a。从整个流域尺度来看，COD 预测排污量没有超出理论环境容量，氨氮预测排污量略微超出理论环境容量。

土城子河、通气河理论环境容量为 COD 107.91 t/a、氨氮 2.87 t/a。对应的吉林产业新城污染排放预测为：2020 年 COD 645.5 t/a，氨氮 155.72 t/a，2030 年 COD 1 008.6 t/a，氨氮 123.2 t/a。从流域尺度来看，不考虑西流松花江干流的理论环境容量，COD 和氨氮指标均已严重超出理论环境容量；如考虑西流松花江干流的理论环境容量，在保障流域内示范区外邻岸区域污染排放得到有效控制的条件下，预测排污量在理论环境容量承载范围内。

8.5　基于水环境承载的区域优化发展建议

（1）污染物排放总量控制

基于示范区内水环境控制单元，进行单元内河段的水环境理论容量测算，确定规划各城区的最大允许排污总量。

长东北产业新城和九台经济开发区排入伊通河流域的污染量（该最大允许排放量应包括伊通河邻岸示范区外的排放量）不得超过 COD 3 035.83 t/a、氨氮 80.77 t/a；排入干雾海河流域的污染量不得超过 COD 223.70 t/a、氨氮 5.75 t/a；排入雾开河流域的污染量不得超过 COD 327.30 t/a、氨氮 8.49 t/a。

空港经济开发区排入饮马河流域的污染量不得超过 COD 701.92 t/a、氨氮 18.47 t/a。

九台老城区排入小南河流域(饮马河子流域)的污染量不得超过 COD 227.88 t/a、氨氮 5.93 t/a。

吉林中新食品城中作为城镇集中式饮用水水源地的直接汇水区，不得排污；其他区域排入岔路河流域（饮马河子流域）的污染量 COD 不得超出 41.62 t/a，氨氮无容量。吉林中新食品城流经鳌龙河流域的区域为鳌龙河源头区，水生态保护意义重大，如无必要，不得排污；如确需排污，COD 不得超出 81.5 t/a、氨氮 1.44 t/a。

吉林产业新城排入大绥河流域（鳌龙河子流域）的污染量 COD 不得超出 98.74 t/a、氨氮 2.56 t/a；排入土城子河流域的污染量 COD 不得超出 58.33 t/a、氨氮 1.55 t/a；排入通气河流域的污染量 COD 不得超出 49.58 t/a、氨氮 1.32 t/a；排入西流松花江干流的污染量（该最大允许排放量应包括西流松花江干流邻岸示范区外的排放量）COD 不得超出 8 912.39 t/a、氨氮 237.65 t/a。

（2）基于水环境承载的规划实施优化调整建议

根据以上承载测算结果，对《长吉产业创新发展示范区总体规划（2015—2030）》中关于产业发展和城镇人口规模的规划内容提出以下调整建议。

①吉林中新食品城排污去向水体的敏感性和脆弱性均较高，比较吉林中新食品城规划环评 2011 年监测数据和本次规划环评临时监测数据，经丰水期监测数据比对，氨氮、总氮、高锰酸盐指数和 BOD_5 指标均有明显恶化趋势。建议异地设址。如异地设址暂不可行，建议严格控制城区发展规模，并提升城市污水处理水平（出水浓度达到Ⅳ类标准）。

②示范区内氨氮环境容量不足，建议优化示范区内城镇和工业污水处理设施氨氮去除工艺，提升氨氮去除效率。

③干雾海河位于长东北产业新城和九台经济开发区中心位置，由于其地表天然径流量少，水环境容量不足，建议不作为城区污水的主要排水对象。

④长东北产业新城和九台经济开发区污染排放量大，建议合理控制长东北产业新城和九台经济开发区城镇人口规模，重点控制干雾海河、雾开河流域城镇人口规模。

⑤空港经济开发区氨氮预测排污量较大，远超本地河段水环境容量，建议提升污水处理厂处理工艺水平，出水经人工湿地进行深度再处理后全部回用（无工业废水，不涉及回用风险），保障饮马河出境断面水质达标。

⑥示范区内氨氮、总磷等水质指标超标情况比较普遍，需要自然或人工湿地（伊通河、饮马河和鳌龙河流域湿地资源均较为丰富）进行吸纳，在设计城镇污水处理能力时，不应仅从规模效益出发，还应综合考虑附近自然或人工湿地处理能力，合理设计处理规模。

第9章

基于环境安全的环境风险空间管控研究及管理应用

9.1 环境风险识别

示范区规划构建先进装备制造业产业集群、医药健康产业集群和现代服务业产业集群为重点的开放创新型产业体系，具体产业包括：精细化工、高端装备制造、光电子与智能制造、新材料与新能源、生物医药、食品加工等行业。同时，示范区配套新建相关电力、热力、污水及生活垃圾处理、高压走廊及天然气管道等基础设施规划。对该示范区而言，其化工、医药、仓储、装备制造等产业的原料、中间产品及产品涉及的种类较多，其中部分属易燃、易爆物质，部分物料及产品还有一定毒性，且各行业的风险源强各有特点。

表 9-1 规划产业环境风险源识别

行业类型	风险物质	风险环节	风险类型
高新制造行业集群	主要风险物质为油漆和丙酮，油漆溶剂和稀释剂中含有甲苯、二甲苯有毒物质，甲苯、二甲苯、丙酮、边角废料、乙炔气、液化气体、HW12 危险废物（染料、涂料废物）、HW17 危险废物（表面处理废物）等	储存、生产、运输	泄漏、火灾和爆炸
新能源与新材料制造行业	镉、铅、铬、砷、电镀废渣、乙醇、液化石油气、氯气、HW17 危险废物（表面处理废物）等	储存、生产、运输	泄漏、火灾和爆炸
生物医药行业集群	液氨、醋酸、丙酮，甲醇、生产用菌、毒种和活菌活毒材料、HW02（医药废物）以及 HW03 危险废物（废药物、药品）等	储存、生产、运输	泄漏、火灾和爆炸
食品加工行业	液氨、溶剂油、磷酸、烧碱、盐酸、乙醚、丙酮、成品油等	储存、生产、运输	泄漏、火灾和爆炸
精细化工行业	氯（液氯、氯气）、氯化氢、氯乙烯、氨、硫化氢、一氧化碳、二氧化碳、氮氧化物、氰化氢、$TiCl_4$、TiO_2、三苯、油漆、棕榈油、石油新油品、高能液体燃料、改性乳化燃料油、煤气、甲醇、甲醛、二甲醚等	储存、生产、运输	泄漏、火灾和爆炸
高压走廊	高压辐射、电击	运行期	辐射、火灾
天然气管道	甲烷、加臭剂四氢噻吩等烃类混合物	运行期	泄漏、火灾和爆炸

9.2 环境风险防范重点区域识别与优化调整建议

选择危险化学品、危险废弃物、燃气管道等风险源作为评价对象，以最大可信事故发生可能造成的最大影响范围作为评价区，从风险受体出发评估风险与危害发生的损害程度，作为事故风险等级评定的主要依据。

根据风险源影响程度由近及远减弱的原理，将规划区域内风险源的最大可信影响区域进一步划分为 3 个风险等级区，按危险等级由高到低依次确定为重大危化品单位、较大危化品单位、涉重单位、危废单位、天然气高压管道、高压走廊，并参考专家意见确定相应权重。由于危险化学品是规划区域内的主要风险源，权重较高，其他风险源视为权重相等，结合风险源危险等级给出风险等级权重。加权叠加获得多源风险综合等级评定结果，综合反映多风险源共同作用下特定区域的风险发生概率及破坏性程度。

表 9-2　主要风险源及其影响范围界定

风险源	影响半径
危化品单位	根据《建设项目环境风险评价技术导则》（HJ/T 169—2004）重大危险源的“大气环境影响一级评价范围，距离源点不低于 5 km；二级评价范围，距离源点不低于 3 km 范围，基于最大可信事故影响半径原则，本研究中将危险化学品单位的影响半径确定为 3～5 km。
涉重单位	企业生产造成的土壤重金属污染半径在 1.2～3 km，因此将涉重单位的影响半径确定为 3 km。
危废单位	危废存放建设项目环评中要求 500 m 内不得布局居民区、学校等敏感建筑，因此将危废单位的影响半径定为 500 m。
高压走廊	《电力设施保护条例实施细则》（1999 年第 8 号），各级高压线在计算导线最大风偏情况下距建筑物的水平安全距离：220kV，5 m；500 kV，8.5 m，因此本评价中确定的影响半径为 5～8.5 m。
天然气高压管道	《城镇燃气设计规范》（GB 50028—2006），规定：燃气管道与建筑物外墙面（出地面处）的净距为：①次高压燃气管道 B 级（$P<0.8$ MPa）为 5.0 m；②次高压燃气管道 A 级（$P<1.6$ MPa）为 13.5 m。本评价中确定的影响半径为 5～13.5 m。

表 9-3　风险源影响半径及影响范围风险权重

风险源	影响半径（权重）		
	等级 1（0.5）	等级 2（0.3）	等级 3（0.2）
危化品单位	0～1 000	1 000～3 000	3 000～5 000
涉重单位	0～500	500～1 500	1 500～3 000
危废单位	0～300	300～500	500～800
高压走廊	0～5	0～8.5	—
天然气高压管道	0～13.5	—	—

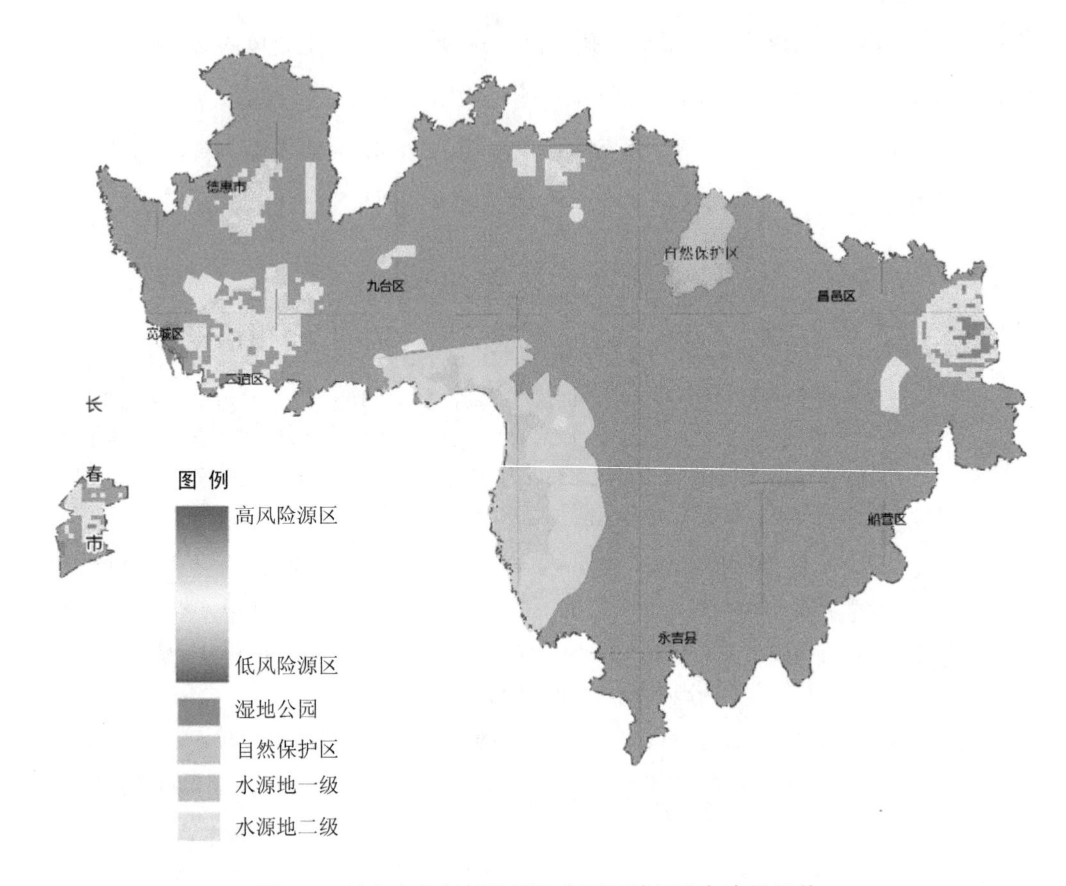

图 9-1 长吉产业创新发展示范区环境风险危害性评价

由风险源危害性评价可知，示范区内主要风险区域位于吉林高新技术产业开发区、经开北区以及高新南区内危险品仓库、化工工业区以及生物医药行业等工业区以及危废处理场地最具环境风险。基于化工工业本身的特点，项目所涉及的原料、中间产物、产品、辅料等化学品大多数具有易燃、易爆和有毒、有害等特点，生产装置处于高温高压运行状态，储运系统品种多、储量高，因此示范区内化工工业、危险品仓库以及生物医药行业具有较大潜在的事故隐患和环境风险；示范区内装备制造、新材料与新能源，同样具有环境事故风险隐患；电力热力行业、食品加工等行业以及污水及生活垃圾处理、高压走廊及天然气管道等基础设施的环境风险相对较小。

吉林中新食品区位于石头口门水库的上游，虽然环境风险源危害性较低，但运输、储存及生产环节所产生的液氨、溶剂油、磷酸、烧碱、盐酸、乙醚、丙酮、成品油等风险物质对水源地安全影响不容忽视。与此同时，规划天然气万昌门站以及新建锅炉房直接位于水源保护一级区域内，突发性环境风险对水源地影响较大，同时根据水源地保护条例，水源地一级保护区内禁止建设与水源地保护无关的项目，建议对位于水源保护一级区域内的相关规划项目进行改址。吉林经济开发区内精细化工园区位于高环境风险源区，且紧邻松花江，对松花江流域水环境风险威胁较大。建议对重大风险源进行监控，使用集中区环境风险防控，按照行业要求合理布设防控安全防护距离，重点防控松花江水环境风险。此外，企业的应急预案，应急响应也是该区域风险管理的重点。

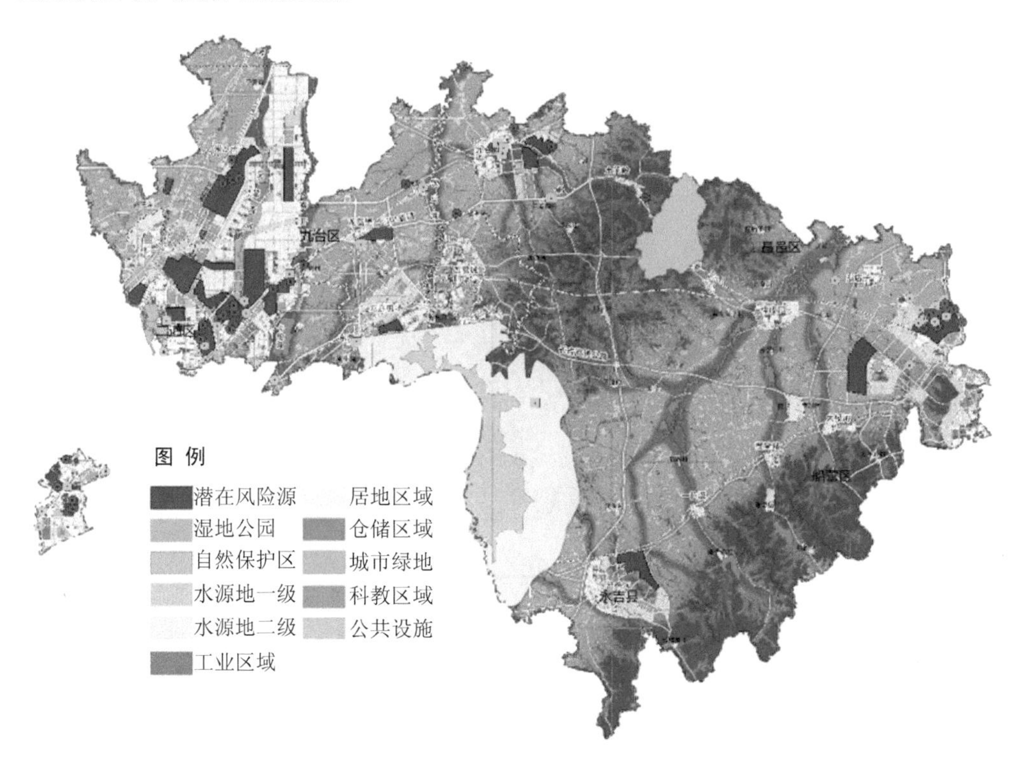

图 9-2　示范区产业潜在风险源与敏感性保护目标空间分布

9.3 关键领域环境风险防范建议

9.3.1 居住环境安全

规划区域内，现有部分风险企业位于规划居住区域内，其中重大风险源 1 家、一般风险源 2 家、危险废物燃烧处理企业 1 家位于规划居住密集区域，人群密度大，潜在环境风险较高。示范区域内工业区、居民区等敏感源与风险企业交织毗邻，规划布局型环境风险凸显。高新南区人口密度较大，风险企业较多，其中重大风险源企业有 4 家，重金属类累积风险源 2 家，危险废物处理企业 1 家。建议应对高危险性风险源周边的居住、学校、医院等风险受体敏感区规划进行限制，并对易发生污染事故的企业加强专项和长效的安全管理。

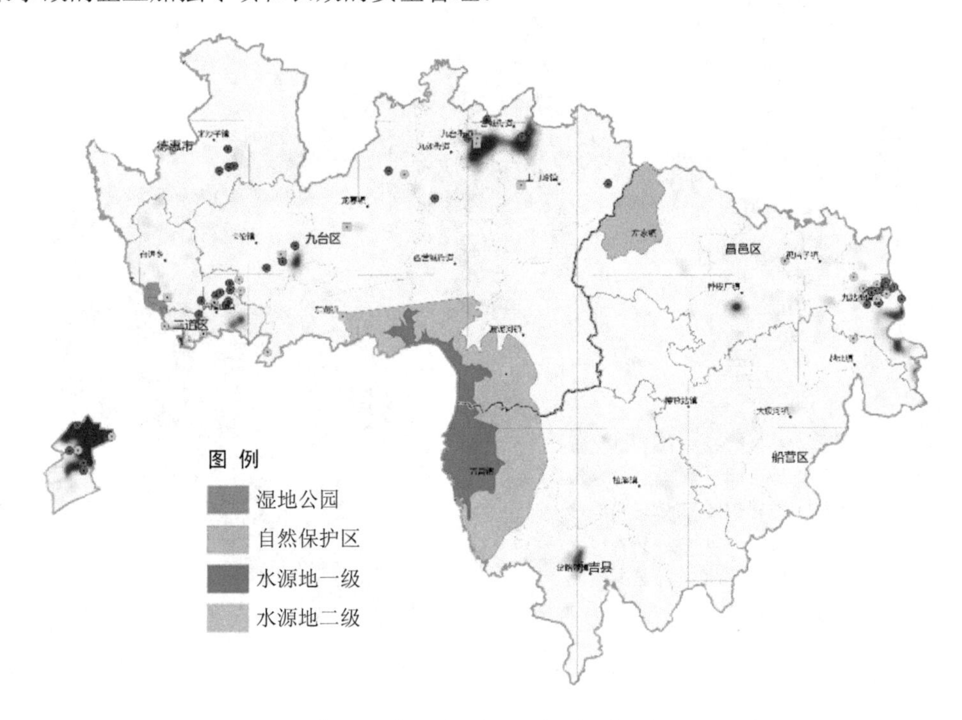

图 9-3 示范区环境风险源与敏感性保护目标空间分布

9.3.2　敏感目标安全

风险源企业对示范区内法定保护区潜在风险不容忽视。长春市永超电镀厂、长春市环卫饮用废弃物处理有限公司临近北湖国家湿地公园。新吉美天然气管线以及中石油输油管线穿越石头门口水库水源保护区一级区，九台市东湖镇及波泥河镇卫生院医疗危险废物处理单元位于石头口门水库水源地二级保护区内（图 9-4），对饮用水水源存在潜在风险。

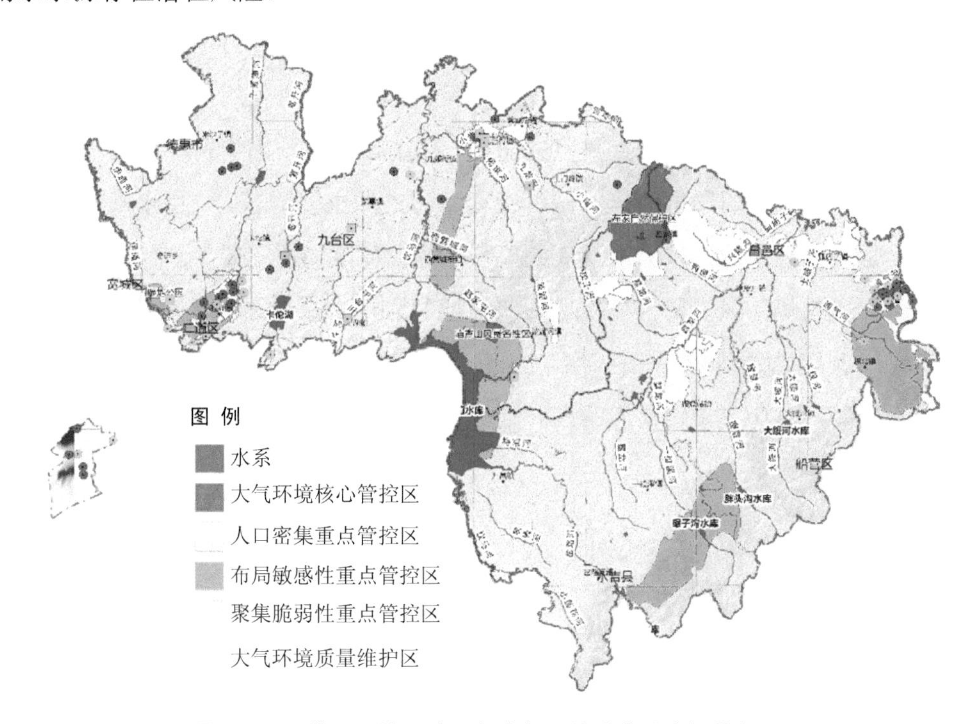

图 9-4　示范区环境风险源与大气环境重点区空间叠加图

吉林高新技术产业开发区内化工类重大风险企业临松花江。化工行业中的原材料、辅料、产品品种复杂，多属于易燃、易爆、高挥发、有毒有害的物质，高危险物质存储的量比较大，由于大多企业距离河流近，一旦发生泄漏且控制失败，环境风险易演变成环境污染事故，有毒有害物质极易进入河流，并且能够争取控制救援的时间较短，增加了引发重大环境污染事故发生的概率。

9.3.3 基础设施建设安全

规划天然气万昌门站以及新建锅炉房直接位于水源保护一级区域内，突发性环境风险对水源地影响较大，同时根据水源地保护条例，水源地一级保护区内禁止建设与水源地保护无关的项目，建议对位于水源保护一级区域内的相关规划项目进行改址。

根据示范区规划 2030 年总人口规模数量为 290 万～300 万。示范区内生活垃圾处理以填埋或焚烧为主。垃圾焚烧发电项目，生产过程中使用的原辅料具有有毒有害特性，同时烟气处理系统存在事故隐患，存在各种内外因素所导致的事故性危害，其中物料泄漏和烟气事故排放是引发环境污染的主要因素。主要事故源来自盐酸储罐、烟气处理系统、垃圾渗沥液处理系统等。风险物质主要为：二噁英、氟化氢、盐酸、臭气等。风险防控主要以控制风险源为主，减少恶臭污染物无组织排放和二噁英等风险物质排放。建议项目实施过程中严格按照各行业相关规定合理规划安全防护距离，对在安全距离内的人群进行有计划的搬迁，减少环境风险。

第10章

生态环境空间综合管控研究与管理应用

10.1 环境空间综合管控

环境空间综合管控思路。针对生态环境、水环境、大气环境等环境要素，按照环境要素“分级分类、功能唯一、逐级落地、全域管控”原则，形成环境保护空间“一张图”，实施环境空间综合管理。“分级分类”指按照生态环境分级管控、水环境分级管控、大气环境分级管控确定分级分类结果，进行严控区、重点管控区、一般区等分级管控；“功能唯一”指环境主导功能唯一，基于生态、水、大气环境分级管控要求及管控空间的异质性，保持最小管控单元功能唯一；“逐级落地”指按照环境分级要求，按照“最严—限制—引导”等准入要求，结合生态、水、大气管控单元尺度，确定“小单元优先，先一级后二级”逐级落地；“全域管控”指环境准入要求覆盖全域。

综合生态环境核心管控区、水环境核心管控区、大气环境核心管控区 3 类区域，划定环境核心管控区，主要在大黑山脉与哈达岭两侧区域。综合生态环境重点管控区、大气环境重点管控区、水环境重点管控区，划定环境重点管控区，主要分布在

中部及哈达岭北部、石头口门水库西侧区域。

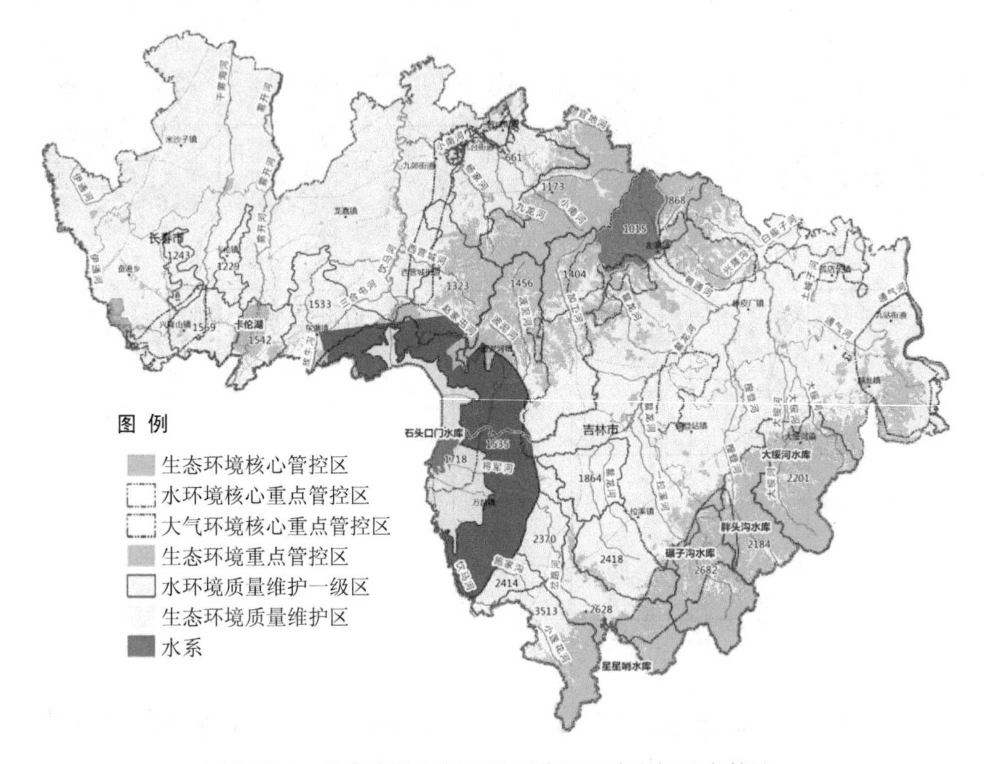

图 10-1 长吉产业创新发展示范区环境空间综合管控

10.2 环境管理网格构建

10.2.1 环境网格化管理目的

所谓网格化管理是借用计算机网格管理的思想，将管理对象按照一定的标准划分成若干网格单元，利用现代信息技术和各网格单元间的协调机制，使各个网格单元之间能有效地进行信息交流，透明地实现资源共享，以达到整合组织资源、提高管理效率的现代化管理效果。

环境网格化管理是指充分考虑环境系统的复杂性、城市生态环境管理的多元性，结合区域时空尺度特征，将环境管理对象（水、土、气、声、渣）数字化和网格化，以实现环境监测实时化、环境信息可视化、环境分析模型化、环境管理措施的精细化和定量化。

（1）向主动管理方式转变

区域网格化环境管理旨在逐步建立以区域网格为基础、以条线为依托、以信息为纽带的规范运作、快速反应的网格化管理运转机制，实现由事后管理为事前管理、消极管理为积极管理的转变。通过网格划分，细化辖区环境状况、污染成因与主要环境问题，根据环境目标要求明确各网格地块环境整治和管理重点。

（2）向基层精细化管理转变

以环保工作领导干部政绩考核为依据，通过网格化环境管理，强化环保工作向基层辖区（乡镇、街道、工业区）渗透，充分发挥基层辖区的环保主体作用，在最基层的行政单元开始实施环境保护与经济发展并重的发展战略。强化精细化管理，提升信息化水平，增强专业化能力，建立属地管理和分级分类管理相结合，“横向到边、纵向到底”的监管模式，及时查处各类环境违法行为，妥善解决影响人民群众健康的突出环境问题。

（3）向部门联动管理转变

依托网格化管理的信息共享与动态管理优势，充分整合区域条线行政管理资源，将各网格内的建设、市容、水务、环保等部门之间的联系、协作、支持等内容以制度的形式固定下来，形成各执法、管理部门联合互动、齐抓共管的环境保护与建设新体系，并有效解决目前环境保护管理部门的工作力量与工作要求之间不平衡的矛盾。

（4）向实时信息化管理转变

依托各细化网格，逐步建立全面覆盖、适时反应的环境质量自动监测、污染源动态监测监控系统，集成区域环境信息系统平台，为城市网格化管理提供共享信息资源。

10.2.2 环境网格化管理思路

示范区环境网格化管理思路总结起来主要有以下 5 点。

（1）围绕一个目标

以有效整合环境管理资源为目标，解决环境保护工作力量与工作要求之间的平衡，整合各种有效环境管理资源，提高环境管理效能，有效解决区域环境问题。

（2）构建两层平台

逐步建立管委、市两层联网的环境管理信息平台，镇级和村级设立台账。

（3）构建四级联动

形成“市（管委）—区县—镇（街道）—行政村”上下四级联动，一级对一级负责的工作局面。

（4）细化多级网格

以最小行政单元为基础，结合环境功能区划、地形地貌等因素，基于水环境系统、大气环境系统和生态环境系统特征，建立覆盖水环境、大气环境、生态环境、噪声、固废等环境领域的综合管理体系，进行网格划分。

（5）实行差异管控

基于网格化单元差异性管理目标，识别主导环境因子，提出差异化管控措施。

10.2.3 环境网格管理部件

示范区环境网格化管理采用“四级行政网格+三级标准化网格”。四级行政网格建立“市（管委）—区县—镇（街道）—行政村”四级联动的管理模式，以镇（街道）为基层行政主要管理单位，以乡镇最高行政负责人作为主要责任人，负责标准网格的环境管理工作。环境标准网格根据水、大气、生态、噪声、固废、风险等环境自身特征，建立“1km—500 m—25 m”可逐级细分的精细化环境标准网格。

（1）水环境管理部件

包括示范区内水环境监测点位、饮用水水源地、水环境敏感区等水环境一级管控区，一级管控区按照汇水单元进行管控。此外还包括示范区内的人工景观河、自然湖泊等水生态重要区，污水处理厂（站）等水环境处理设施，以及排污口（企业）分布等。

（2）大气管理部件

包括示范区内的大气环境监测点位、自然保护区、森林公园等一类空气质量功能区，布局敏感区、聚集脆弱区、受体重要区等大气一级管控区。此外还包括温度、湿度、风速等气候参数，以及大气排放企业分布等。

（3）生态管理部件

包括示范区内土壤监测点位、水源涵养极重要区、水土流失极敏感区、生物多样性保护极重要区等生态环境敏感、重要区域，以及自然保护区、森林公园、湿地公园、风景名胜区等法定保护地的核心区或核心景区。此外还包括生态环境遭到破坏区域等。

（4）噪声管理部件

包括示范区内噪声监测点位分布、噪声分级要求等内容。对建成区域提出工业噪声、交通噪声、施工噪声等管控要求。

（5）重点风险源管理部件

包括示范区内重点风险源点位分布，按照环境风险源类型、规模等确定风险源影响范围。包括有毒有害化学物质、重金属以及危险废物等企业。

（6）固废管理部件

包括工业固体废物、生活垃圾处理填埋设施等固废管理。包括垃圾转运站、垃圾填埋场、化粪池等。

10.3　基于网格的精细化管理方案

明确网格的管理对象、目标，准入政策，搭建精细化管理平台。

10.3.1 环境管理网格划分

（1）一级管理网格

一级管理网格按照示范区最高行政范围进行划分，共分长春市网格与吉林市网格两个网格，示范区管委负责整个示范区内的环境管理工作。

（2）二级管理网格

二级管理网格按照示范区各区县行政范围进行划分，共划分德惠市网格、宽城区网格、二道区网格、九台区网格、昌邑区网格、船营区网格、永吉县网格 7 个二级网格。

（3）三级管理网格

三级管理网格以长春市、吉林市行政区划划定的乡镇街道为二级管控网格，共划分为 22 个三级管理网格。分别为长春市的奋进乡网格（高新北区）、米沙子镇网格、卡伦镇网格、东湖镇网格、土门岭镇网格、兴隆山镇网格（兴隆综保区）、波泥河镇网格、龙嘉镇网格、西营城街道网格（空港新城）、九台老城区网格（九台、营城、九郊 3 个街道），以及吉林市的左家镇网格、桦皮厂镇网格、孤店子镇网格（部分双吉街道）、万昌镇网格、岔路河镇网格、一拉溪镇网格、大绥河镇网格、搜登站镇网格、越北镇网格（部分新北街道）、九站街道网格（吉林经开区）等三级网格。

（4）四级管理网格

四级管理网格以长春市、吉林市行政区划中的村（社区）边界为管理边界，共划分 424 个四级网格，每个网格指定一名管理员，负责本辖区环境监管、上报。

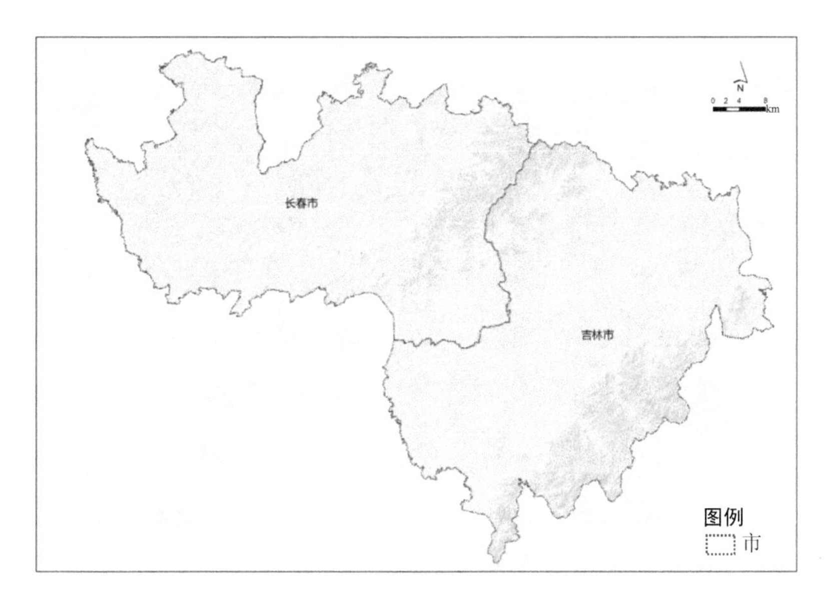

图 10-2　长吉产业创新发展示范区一级管理网格划分

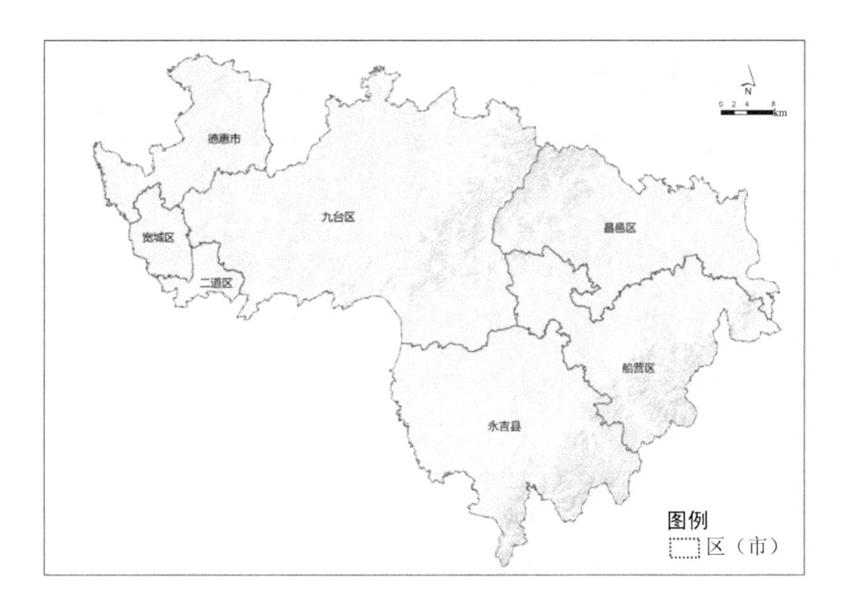

图 10-3　长吉产业创新发展示范区二级管理网格划分

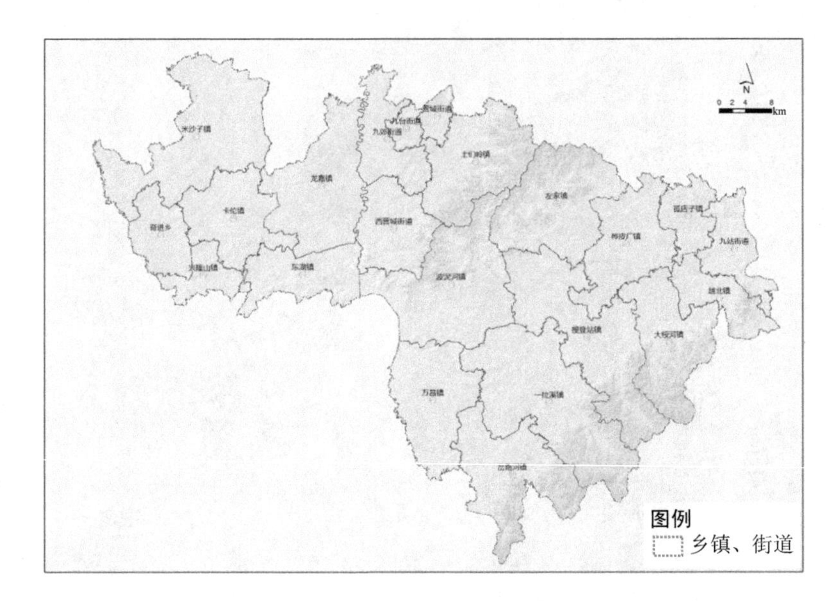

图 10-4　长吉产业创新发展示范区三级管理网格划分

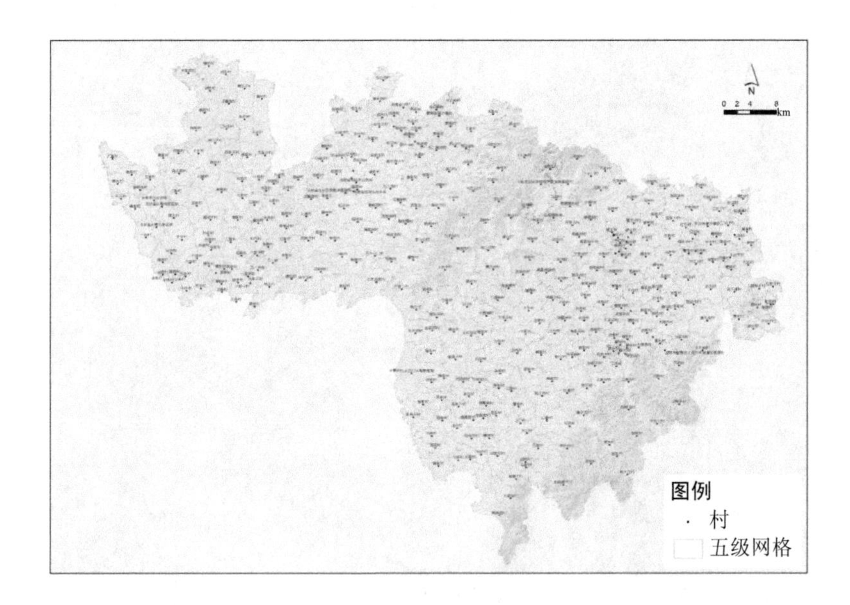

图 10-5　长吉产业创新发展示范区四级管理网格划分

10.3.2 环境标准网格划分

环境标准网格按照全域范围分别划分 1 km、500 m、25 m 等 3 种尺度标准网格。共划分 1 km 网格 3 978 个，500 m 网格 15 343 个，25 m 网格 60 141 个。

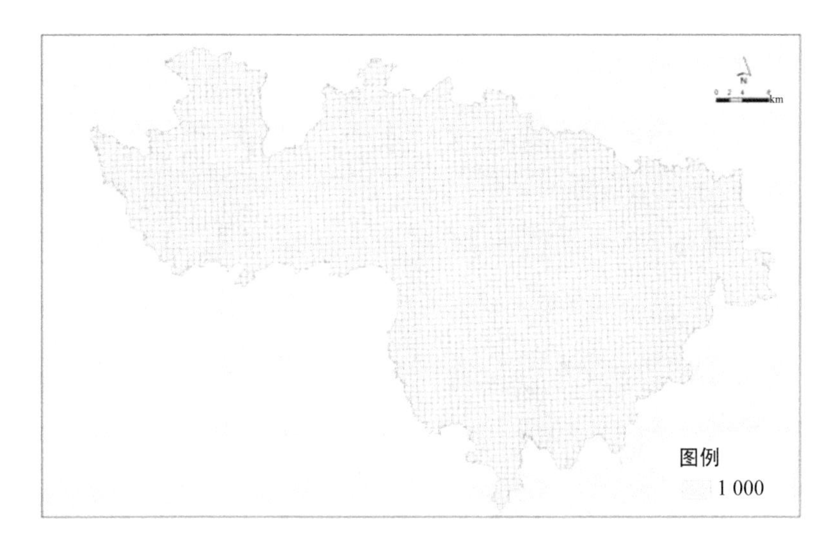

图 10-6 长吉产业创新发展示范区 1 000 m 网格

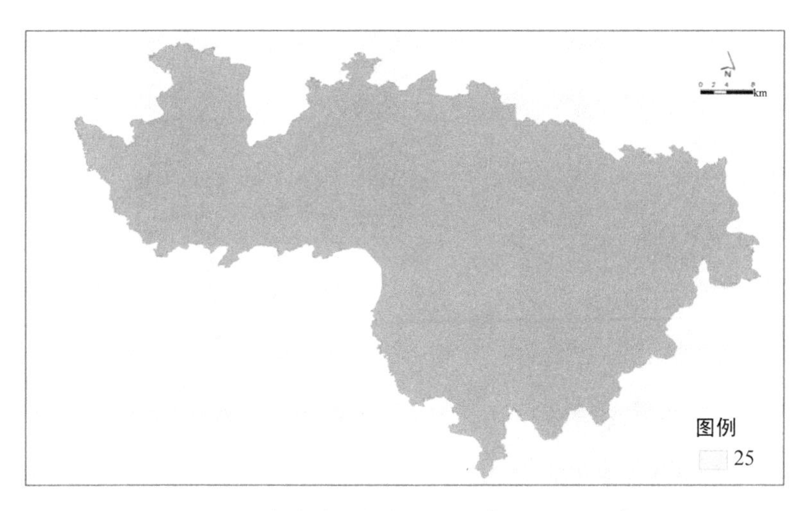

图 10-7 长吉产业创新发展示范区 25 m 网格

10.3.3 环境管控部件

示范区内环境管控部件包括水环境、大气环境、生态环境、声环境、环境风险、固废管理等六大类，按照管控类型可划分为环境监测部件、环境监管部件、环境管控部件三大类。环境监测部件指各类环境监测点位，环境监管部件指对环境有影响的对象、活动等，包括排污口、工业园区、风险源等，环境管控部件指对环境质量有较大要求或影响需要重点管控的区域，包括自然保护区、饮用水水源保护区、湿地公园等环境重点管控区域。

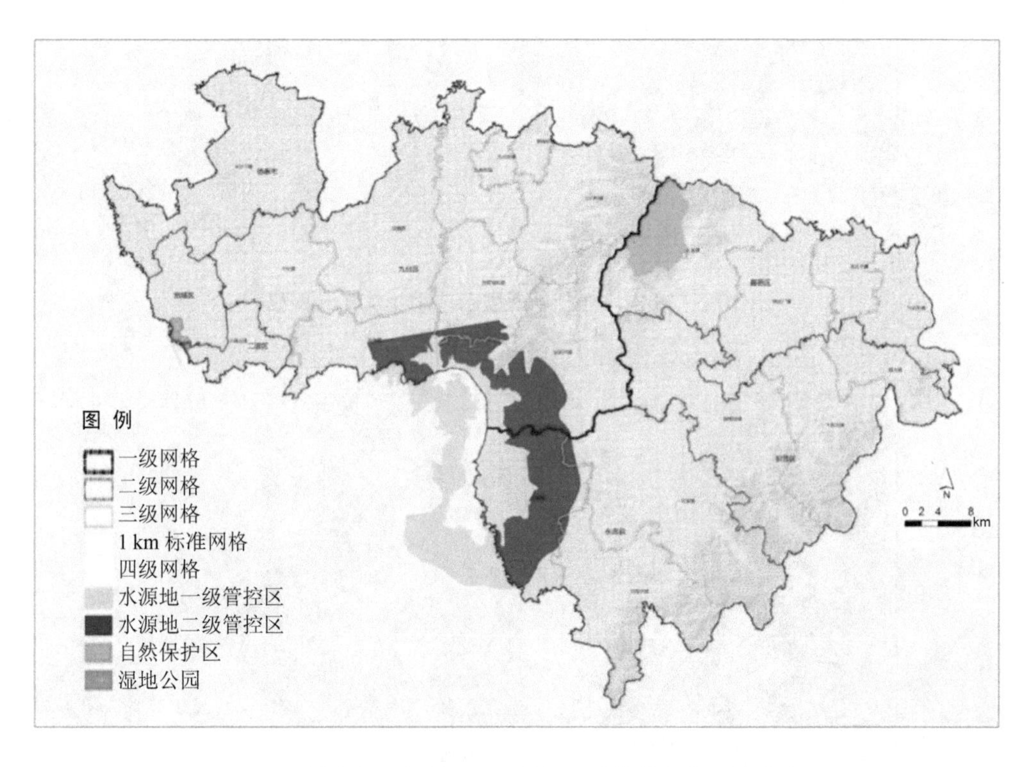

图 10-8 长吉产业创新发展示范区环境管控部件网格分布图

图 10-9　长吉产业创新发展示范区环境监测部件网格分布图

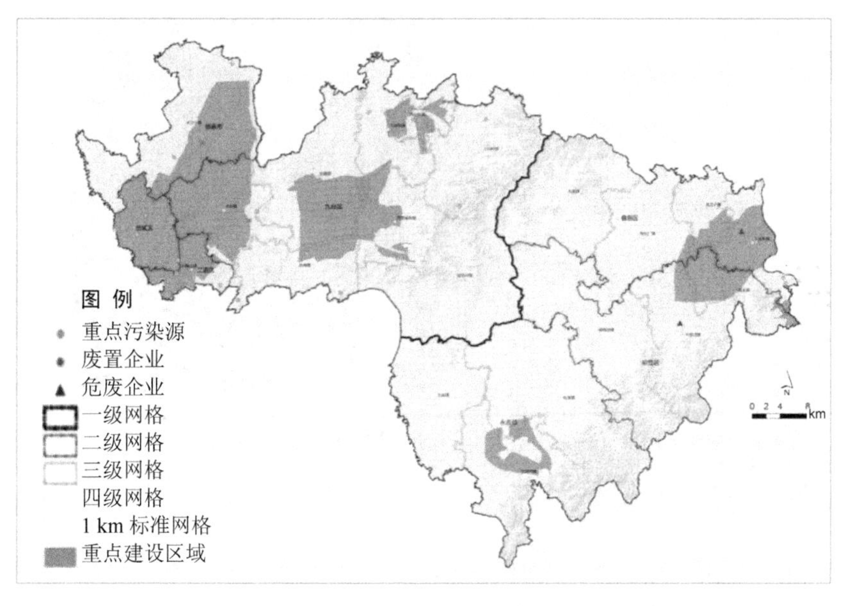

图 10-10　长吉产业创新发展示范区环境监管部件网格分布图

10.4 环境网格化综合管控方案

根据水、大气、生态环境分级管控方案，基于环境“一张图”，综合确定各分级因子权重，按照 1 km 网格进行叠合，得到环境网格化综合管理方案。经统计，生态环境核心管控网格 714 个，主要分布在大黑山脉、哈达岭核心区域，占比 18.0%。生态环境重点管控网格 799 个，占比 20.2%。生态环境质量一级维护网格 699 个，占比 17.3%。生态环境质量二级维护网格 288 个，占比 7.3%，生态环境质量三级维护网格 1 468 个，占比 37%。

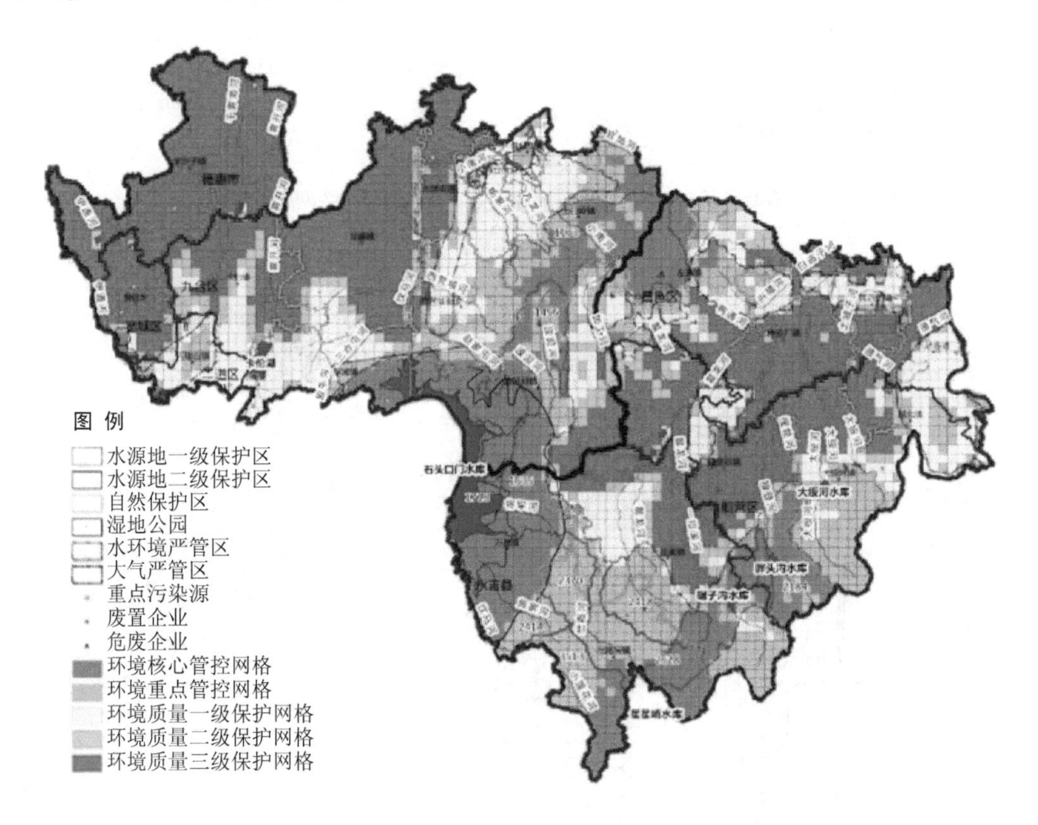

图 10-11　基于水、大气、生态分级管控的环境网格管控方案

表 10-1　长吉产业创新发展示范区环境网格化管控统计

分级分类	数量/个	比例/%
核心管控网格	714	18.0
重点管控网格	799	20.2
环境质量一级维护网格	699	17.6
环境质量二级维护网格	288	7.3
环境质量三级维护网格	1 468	37.0

10.5　各功能单元环境管控战略

示范区依据产业定位的差异性特征，未来将重点发展高新北区、长德合作区等 13 个重要的功能单元。在环境网格化管理的基础上，进一步明确各功能单元环境保护战略与环境管控要求。

10.5.1　各功能单元生态环境空间管控战略

总体而言，13 个功能单元涉及的生态环境敏感点较少。13 个功能单元中，仅有空港经济开发区东区内的新能源新材料产业基地（清洁技术，C5）与生态环境重点管控区存在部分重叠。该产业园规划参考案例为固安工业园，区内应避免大规模开发，禁止建设大规模废水排放项目和排放含有毒有害物质的废水项目，工业废水不得向该区域排放。13 个功能单元其他区域，尤其是内部各园区，除水系河流外，与生态功能红线交叉重叠较少，基本不涉及生态环境敏感点。

表 10-2 各功能单元生态环境管控要求

功能单元	规划分区	生态环境吻合度分析	生态环境管控要求
空港经济开发区东区	东北亚区域开放与合作中心（C1）、体育健康产业园[吉林体育学院（C4）、空港冰雪运动中心（C2）、空港全民健身示范中心（C3）、空港冰雪体育休闲观光中心（C6）、妙香山滑雪度假村（C7）]、新能源新材料产业基地（清洁技术，C5）	新能源新材料产业基地（清洁技术，C5）与生态环境重点管控区部分重叠；区内应避免大规模开发，禁止建设大规模废水排放项目和排放含有毒有害物质的废水项目，工业废水不得向该区域排放	新能源新材料产业基地（清洁技术，C5）应避免大规模开发，禁止建设大规模废水排放项目和排放含有毒有害物质的废水项目，工业废水不得向该区域排放
空港经济开发区西区	光电信息产业基地（集成电路，T18）、高端装备制造基地（体育装备，T17）、东北亚航空物流中心（机场区+TP7+TP8）	除河流沿岸外，无特殊生态环境管控要求	河流和道路两侧的重要防护林实施严格保护，禁止开发建设活动；河流缓冲区及道路防护林地的周边地区，工业废水不得向其中排放
东北亚国际物流园	东北亚采购和分销中心（TP1、TP2、TP5）、东北亚内陆港及综合物流枢纽中心（TP3、TP4）、高端装备制造基地（物流装备，T7）	区内基本无生态敏感点	河流及道路防护林地的周边地区，避免大规模开发；严格按照国家要求，管理基本农田
高新北区	东北亚智能制造中心、东北亚科技创新中心（C8）、生物医药产业基地（生物医药、医疗器械，T5）、光电信息产业基地（光电子与智能装备，T6）、新能源新材料产业基地（高分子材料、金属材料、生物质能，T9）、精优食品加工基地（新兴食品研发、电子商务、展示体验，T27）	北湖科技园依北湖湿地公园而建，需强化湿地公园保护，东北亚智能制造中心强化环境污染控制与治理	北湖科技园依北湖湿地公园而建，需强化湿地公园保护，东北亚智能制造中心强化环境污染控制与治理

功能单元	规划分区	生态环境吻合度分析	生态环境管控要求
长德合作区	高端装备制造基地（航空装备，T1、T29）、高端装备制造基地（航天装备，T3）、精优食品加工基地（食品加工、包装材料，T4）、新能源汽车产业基地（T1）、精优食品加工基地（绿色保健食品加工、检验检测中心、包装材料，T28）	区内五大基地基本不涉及生态敏感点，五大基地外部有一个小型水库，需强化保护	强化保护水库周围区域
经开北区	新能源新材料产业基地（生物化工、生物基材料，T11）、新能源新材料产业基地（新能源汽车动力电池和新能源客车，T8）、生物医药产业基地（生物化工设备，T10）	区内三大基地除生态公益林、道路防护林外，不涉及特殊敏感点；区内三大基地外要加强北湖湿地保护	加强北湖湿地保护
兴隆综合保税区	综合保税区南区（TP6）	除河流外，没有其他生态敏感区	严格保护河流及其缓冲区，工业废水不得向其中排放，建设河滨景观带，美化河岸环境
九台老城区	精优食品加工基地（农副产品加工，T21）、新能源新材料产业基地（T19、T20）	营城街道有部分生态敏感区，但九台老城区功能单元内部除河流外，无生态敏感点	严格保护河流及其缓冲区，工业废水不得向其中排放，建设河滨景观带，美化河岸环境
九台经济开发区	高端装备制造基地（农机装备，T16）、生物医药产业基地（中成药、生物制药，T14）、光电信息产业基地（汽车电子、机电产品，T15）、新能源新材料产业基地（金属新材料、绿色建材、碳纤维，T12、T13）	区内涉及卡伦湖生态缓冲区、河流外，无其他生态敏感点	严格保护河流及其缓冲区，工业废水不得向其中排放，区内现有村庄实施污水与垃圾无害化处理；建设河滨景观带，美化河岸环境

功能单元	规划分区	生态环境吻合度分析	生态环境管控要求
吉林高新技术产业开发区	光电信息产业基地（电子信息，T24）、生物医药产业基地（中成药、化学药，T25）	两个产业基地内部无生态敏感区，区内其他区域涉及部分生态高敏感区域	土城子河与通气河的水源涵养区，对现有工业企业、矿山开发、规模化畜禽养殖场要逐步减少规模，降低污染物排放量，逐步退出，场地实施生态恢复
吉林经济技术开发区	新能源新材料产业基地（金属新材料、绿色建材、碳纤维）	产业基地内部无生态敏感区，区内其他区域涉及部分生态高敏感区域以及部分特殊用地	逐步减少现有工业企业、矿山开发、规模化畜禽养殖场的规模并实现逐步退出
吉林船营区	船营经济开发区	区内涉及部分生态功能较重要区域	对遭到破坏山体林地积极进行生态修复，恢复水源涵养生态功能；区内现有村庄实施污水与垃圾无害化处理
吉林中新食品区	精优食品加工基地（安全健康食品研发、加工，T26）	区内涉及部分生态功能较重要区域	严格按照国家对河流的管理要求进行保护，保护山体生态功能不退化，对被破坏山体进行修复，禁止新建露天采矿等生态破坏严重的项目，禁止新建规模化畜禽养殖场

10.5.2 各功能单元大气环境空间管控战略

高新北区临近大气环境核心管控区，空港经济开发区西区北部、吉林高新技术产业开发区、吉林船营区部分区域为布局敏感区，对示范区大气环境质量影响较大，应强化产业准入与大气污染治理。经开北区、兴隆综合保税区、九台老城区、吉林经济技术开发区部分区域为大气环境受体敏感区，应禁止大气高污染项目布局，重点加强现有区域内锅炉改造，保证尾气达标排放。

表 10-3　各功能单元大气环境管控要求

功能单元		环境容量/（万 t/a）			与大气环境管控区关系	大气环境管控措施
		SO_2	NO_x	PM_{10}		
空港经济开发区	空港经济开发区东区	0.48	0.32	0.55	—	加强清洁技术示范，在区域内赛事观览、体育休闲场所优先使用如地热等清洁能源
	空港经济开发区西区	0.16	0.11	0.19	北部部分区域位于布局敏感区	区域内新增取暖设施以燃气锅炉为主，禁止新建 20 蒸吨/小时以下的燃煤、重油、渣油锅炉；现有燃煤锅炉必须达到天然气燃气锅炉排放标准；新建其他项目须严格控制挥发性有机物、氨等污染物的排放
长东北产业新城区	东北亚国际物流园	0.20	0.14	0.24	—	
	高新北区	0.32	0.21	0.38	临近核心管控区	加强现有人口集中区污染排放控制；禁止新建高污染项目，禁止新建、改建、低于 20 蒸吨/小时的燃煤、燃油、燃渣锅炉，禁止使用生物质能源；严格控制秸秆燃烧等严重污染大气质量的活动
	长德合作区	0.43	0.29	0.50	—	优先对航空机械、汽车零部件生产过程中挥发性有机物开展前端控制，生产车间必须按照挥发性有机物去除净化设施
	经开北区	0.15	0.10	0.18	部分区域位于受体敏感区内	加强现有区域内锅炉改造，关闭小于 10 蒸吨/小时燃煤锅炉，禁止新建 20 蒸吨/小时以下燃煤锅炉；对现有取暖锅炉进行技术改造，保证尾气达标排放
	兴隆综合保税区	0.03	0.02	0.03	部分区域位于受体敏感区内	加强现有区域内锅炉改造，关闭小于 10 蒸吨/小时燃煤锅炉，禁止新建 20 蒸吨/小时以下燃煤锅炉；对现有取暖锅炉进行技术改造，保证尾气达标排放

功能单元		环境容量/（万 t/a）			与大气环境管控区关系	大气环境管控措施
		SO_2	NO_x	PM_{10}		
九台区城区	九台老城区	0.13	0.09	0.15	部分区域位于受体敏感区内	加强现有区域内锅炉改造，关闭小于 10 蒸吨/小时燃煤锅炉，禁止新建 20 蒸吨/小时以下燃煤锅炉；对现有取暖锅炉进行技术改造，保证尾气达标排放
	九台经济开发区	0.40	0.27	0.46	—	
吉林产业新城区	吉林高新技术产业开发区	0.29	0.19	0.34	部分区域位于布局敏感区内	对涉气企业加强监督管理，定期开展清洁生产审核，逐渐降低企业能耗与排污强度；新建、改建、扩建项目，必须满足产业准入、总量控制、排放标准等管理制度要求
	吉林经济技术开发区	0.17	0.11	0.20	部分区域位于受体敏感区内	加强区域内大气污染排放企业的治理，确保尾气能够达标排放；对现有供热锅炉进行达标改造、升级替换，新建锅炉须同步安装污染去除设施，达到燃气锅炉污染排放标准
	吉林船营区	0.03	0.02	0.04	部分区域位于布局敏感区内	实施严格的环境准入和环境管理措施，禁止新建除取暖锅炉以外高污染项目，禁止新建 20 蒸吨/小时以下的燃煤、重油、渣油锅炉
吉林中新食品区	吉林中新食品区	0.15	0.10	0.18	—	

10.5.3 各功能单元水环境空间管控战略

吉林中新食品区部分区域为水环境核心管控区，经开北区、兴隆综合保税区、九台老城区涉及较多水环境二级重点管控区，水环境质量维护要求较高。

从环境承载状况来看，除空港经济开发区东区、九台老城区环境容量可以支撑区内发展之外，其他区域均存在超载状况。其中，空港开发西区光电信息产业基地、经开北区、吉林高新技术开发区、九台经济开发区、吉林中新食品加工区水环境容量均难以支撑区域发展，高新北区、吉林经济开发区的氨氮排放超出水环境容量，东北亚国际物流园污染排放严重超出水环境理论容量。

表 10-4　各功能单元水环境管控要求

功能单元	中心/基地	水环境管控级别	水环境容量状况	水环境管控要求	排水去向选择	基础设施建设
空港开发东区	东北亚区域开放与合作中心	环境质量维护区（二级）	如不考虑该区域的城镇生活排污（下同），空港经济开发区东区预计排污水平未超出该区域河道的水环境理论容量（以 COD 和氨氮两项因子计算）	区内禁止新建有色金属、皮革制品、石油煤炭、化工医药、铅蓄电池制造、电镀以及其他排放有毒有害污染物的项目；逐步关闭或搬迁区域内的已有项目		到 2020 年，空港污水处理厂及配套管网全部建成，并稳定运行
	体育健康产业园	环境质量维护区（二级）、环境质量维护区（一级）				
	体育健康产业园	环境质量维护区（一级）				
	新能源新材料产业基地（清洁技术）	环境质量维护区（二级）、环境质量维护区（一级）				
空港开发西区	光电信息产业基地（集成电路）	环境质量维护区（二级）、环境质量维护区（一级）	预计排污水平超出该区域河道的水环境理论容量（以 COD 和氨氮两项因子计算，氨氮超出环境容量）	区内禁止新建有色金属、皮革制品、石油煤炭、化工医药、铅蓄电池制造、电镀以及其他排放有毒有害污染物的项目；逐步关闭或搬迁区域内的已有项目		
	高端装备制造基地（体育装备）	环境质量维护区（三级）				
		环境质量维护区（二级）、环境质量维护区（一级）				
	东北亚国际商贸物流中心	环境质量维护区（二级）				
		环境质量维护区（二级）				

功能单元	中心/基地	水环境管控级别	水环境容量状况	水环境管控要求	排水去向选择	基础设施建设
东北亚国际物流园	东北亚采购和分销中心	环境质量维护区（二级）、环境质量维护区（一级）	预计排污量严重超出水环境理论容量（以COD和氨氮两项因子计算）；如排除其他区域共享，以COD和氨氮两项因子计算，本区域氨氮超出环境容量	区内禁止新建有色金属、皮革制品、石油煤炭、化工医药、铅蓄电池制造、电镀以及其他排放有毒有害污染物的项目；逐步关闭或搬迁区域内的已有项目	如伊通河上游来水污染近期能得到有效控制，该城区排水尽可能选择伊通河	污水纳入北部污水处理厂处理
	东北亚采购和分销中心	环境质量维护区（一级）				
	东北亚采购和分销中心	环境质量维护区（二级）				
	东北亚内陆港及综合物流枢纽中心	环境质量维护区（二级）				
	东北亚内陆港及综合物流枢纽中心	环境质量维护区（一级）				
	高端装备制造基地（物流装备）	环境质量维护区（二级）、环境质量维护区（一级）				
高新北区	东北亚智能制造中心、东北亚科技创新中心	环境质量维护区（三级）	从COD因子来看，预计排污量未超出水环境理论容量，但氨氮已超出水环境理论容量；如排除其他区域共享，以COD和氨氮两项因子计算，本区域预计排污量未超出环境容量	生活污水得到有效处理且排水水质达到一级A标准（氨氮排放标准应适当加严）后可在本管控区内排放，可允许进行一般性住宅、商业会展和旅游等开发活动	如伊通河上游来水污染近期能得到有效控制，该城区排水尽可能选择伊通河	
	生物医药产业基地（生物医药、医疗器械）	一般、环境质量维护区（二级）				
	光电信息产业基地（光电子与智能装备）	环境质量维护区（三级）				
	新能源新材料产业基地（高分子材料、金属材料、生物质能）	一般、环境质量维护区（二级）				
	精优食品加工基地（新兴食品研发、电子商务、展示体验）	环境质量维护区（三级）				

功能单元	中心/基地	水环境管控级别	水环境容量状况	水环境管控要求	排水去向选择	基础设施建设
长德合作区	高端装备制造基地（航空装备）	环境质量维护区（三级）		禁止在区域内新建有色金属、皮革制品、石油煤炭、化工医药、铅蓄电池制造、电镀以及其他排放有毒有害污染物的项目，加强对已有项目的有毒有害污染物的处置和运输监管		到2020年，长德污水处理厂及配套管网全部建成，并稳定运行
	高端装备制造基地（航空装备）	环境质量维护区（二级）	排入干雾海河的部分，如排除其他区域共享，以COD和氨氮两项因子计算，本区域预计排污量超出环境容量；排入伊通河支沟1的部分，以COD和氨氮两项因子计算，本区域预计排污量排污超出环境容量（主要是氨氮）			
	高端装备制造基地（航天装备）	一般、环境质量维护区（二级）				
	精优食品加工基地（食品加工、包装材料）	一般、环境质量维护区（二级）				
	新能源汽车产业基地	环境质量维护区（三级）				
	精优食品加工基地（绿色保健食品加工、检验检测中心、包装材料）	环境质量维护区（三级）				
经开北区	新能源新材料产业基地（生物化工、生物基材料）	环境质量维护区（一级）	如不考虑共享因素，以COD和氨氮两项因子计算，本区域排入干雾海河的预计排污量超出环境容量，本区域排入伊通河的预计排污量未超出理论环境容量	禁止在区域内新建有色金属、皮革制品、石油煤炭、化工医药、铅蓄电池制造、电镀以及其他排放有毒有害污染物的项目，加强对已有项目的有毒有害污染物的处置和运输监管		污水纳入北部污水处理厂处理
	新能源新材料产业基地（新能源汽车动力电池和新能源客车）	环境质量维护区（二级）				
	生物医药产业基地（生物化工设备）	一般、环境质量维护区（二级）				

功能单元	中心/基地	水环境管控级别	水环境容量状况	水环境管控要求	排水去向选择	基础设施建设
兴隆综合保税区	综合保税区南区	环境质量维护区（一级）	该功能单元产业性质主要为三产（建设跨境电商商品直销中心），如永久性居民不多，排污情况预计可忽略不计，基本可满足水环境容量	生活污水得到有效处理且排水水质达到一级A标准（氨氮排放标准应适当加严）后可在本管控区内排放，可允许进行一般性住宅、商业会展和旅游等开发活动		到2020年，兴隆山污水处理厂及配套管网全部建成，并稳定运行
九台老城区	精优食品加工基地（农副产品加工）	环境质量维护区（一级）	从COD因子来看，九台老城区的预计排污量，近期略微超过水环境理论容量，但如果考虑优化排污管道设计以利用杨家河、官地河的容量来看，可以基本满足纳污需求，远期无论考虑优化排污管道设计与否，均已超出水环境理论容量；从氨氮因子来看，九台老城区的预计排污量，近期远期均远超水环境理论容量	现状水质劣于Ⅴ类的区域应尽快减产、搬迁现有排放水体污染物的工业企业；在生活污水得到有效处理且排水水量不得高于区域地表自然径流量40%、排水水质在Ⅳ类以上（如在本管控区排放）的条件下，可允许进行中低密度住宅、高端商业会展和一般旅游等开发活动	可以考虑优化排污管道设计以利用杨家河、官地河的水环境容量，降低小南河中下游水环境污染负荷	污水纳入九台污水厂处理
	新能源新材料产业基地	环境质量维护区（一级）				
	新能源新材料产业基地	环境质量维护区（一级）				

功能单元	中心/基地	水环境管控级别	水环境容量状况	水环境管控要求	排水去向选择	基础设施建设
九台经济开发区	高端装备制造基地（农机装备）	环境质量维护区（二级）	雾开河的水环境理论容量基本满足该功能单元排入该河道的排污量（以 COD 和氨氮两项因子计）；雾开河支沟 2 的水环境理论容量难以满足发展需求（以 COD 和氨氮两项因子计）；如排除共享因素，本单元预计排入干雾海河的排污量已超出环境容量	区内禁止新建有色金属、皮革制品、石油煤炭、化工医药、铅蓄电池制造、电镀以及其他排放有毒有害污染物的项目，逐步关闭或搬迁区域内的已有项目	因干雾海河排污量太大，建议排水管道出口不设计或少设计入干雾海河，T14、T15 地块的排污管道设计，建议不考虑排入干雾海河	到 2020 年，卡伦污水处理厂及配套管网全部建成，并稳定运行
	生物医药产业基地（中成药、生物制药）	环境质量维护区（一级）				
	天津滨海汽车零部件产业园、芜湖国家汽车电子产业园	环境质量维护区（一级）				
	光电信息产业基地（汽车电子、机电产品）	环境质量维护区（二级）				
	新能源新材料产业基地（金属新材料、绿色建材、碳纤维）	环境质量维护区（一级）				
	九台建材产业园	环境质量维护区（一级）				
吉林经济开发区	精细化工产业园	环境质量维护区（二级）	T23-精细化工产业园：近期和远期预计排污水平均远超出该区域河道（不考虑西流松花江干流）的水环境理论容量。T22-高端装备制造基地（航空装备）：从 COD 因子来看，近期和远期预计排污水平均在水	禁止在区域内新建有色金属、皮革制品、石油煤炭、化工医药、铅蓄电池制造、电镀以及其他排放有毒有害污染物的项目，加强对已有项目的有毒有害污染物的处置和运输监管	审慎利用西流松花江干流水环境容量，防控水环境风险避免出现重大突发环境事件	污水纳入吉林市污水厂、九站污水厂处理
	高端装备制造基地（航空装备）	环境质量维护区（二级）				

功能单元	中心/基地	水环境管控级别	水环境容量状况	水环境管控要求	排水去向选择	基础设施建设
			环境容量范围内；从氨氮因子来看，近期和远期预计排污水平均超出水环境容量			
吉林高新技术产业开发区	光电信息产业基地（电子信息）	环境质量维护区（二级）	如不考虑西流松花江干流的水环境理论容量（松花江干流水质已不达标），近期和远期预计排污水平均远超出该区域河道（土城子河和通气河）的水环境容量（以 COD 和氨氮两项因子计）	禁止在区域内新建有色金属、皮革制品、石油煤炭、化工医药、铅蓄电池制造、电镀以及其他排放有毒有害污染物的项目，加强对已有项目的有毒有害污染物的处置和运输监管	审慎利用西流松花江干流水环境容量，防控水环境风险避免出现重大突发环境事件	
	生物医药产业基地（中成药、化学药）	环境质量维护区（二级）				
吉林船营区	船营经济开发区	环境质量维护区（二级）	如不考虑西流松花江干流的水环境理论容量（松花江干流水质已不达标），近期和远期预计排污水平均远超出该区域河道（土城子河和通气河）的水环境容量（以 COD 和氨氮两项因子计）	禁止在区域内新建有色金属、皮革制品、石油煤炭、化工医药、铅蓄电池制造、电镀以及其他排放有毒有害污染物的项目，加强对已有项目的有毒有害污染物的处置和运输监管		

功能单元	中心/基地	水环境管控级别	水环境容量状况	水环境管控要求	排水去向选择	基础设施建设
吉林中新食品区	精优食品加工基地（安全健康食品研发、加工）	重点管控区	纳污染量较小，近期和远期排污预计水平均超出该区域河道的水环境理论容量	区内地表水体水质不应低于《地表水环境质量标准》（GB 3838—2002）III类标准。禁止新建高耗水和重污染企业，现状水质保持较好的区域（水质III类以上）原则上不得新增水体污染物排放，现状水质劣于III类的区域应尽快减产、搬迁		到2020年，中新食品厂污水处理厂及配套管网全部建成，并稳定运行

各功能单元均需实施污水全收集全处理（或污水管网全覆盖，污水处理能力满足城市发展需求并有一定富余）；污水处理设施必须严格监管，满足稳定达标排放；污水处理厂氨氮去除效率逐步提高至90%以上。

第11章

重点发展区域环境空间管控研究与建议

长春新区作为国家级新区，考虑其发展的重要性与特殊性，本书在长吉地区相关研究体系下，将长春新区作为一个独立的区域，进行进一步细化研究。

11.1 生态环境空间管控研究

11.1.1 生态空间识别

11.1.1.1 禁止开发区保护

长春新区控制区范围主要涉及饮用水水源保护区、湿地自然保护区、湿地公园、生态公益林及江河流域地段等内容。饮用水水源保护区 1 处，为长春市石头口门水库生活饮用水水源保护区；湿地自然保护区 1 处，为九台湿地自然保护区；湿地公园 1 处，为北湖湿地公园，江河流域地段涉及饮马河、伊通河等部分重要地带。

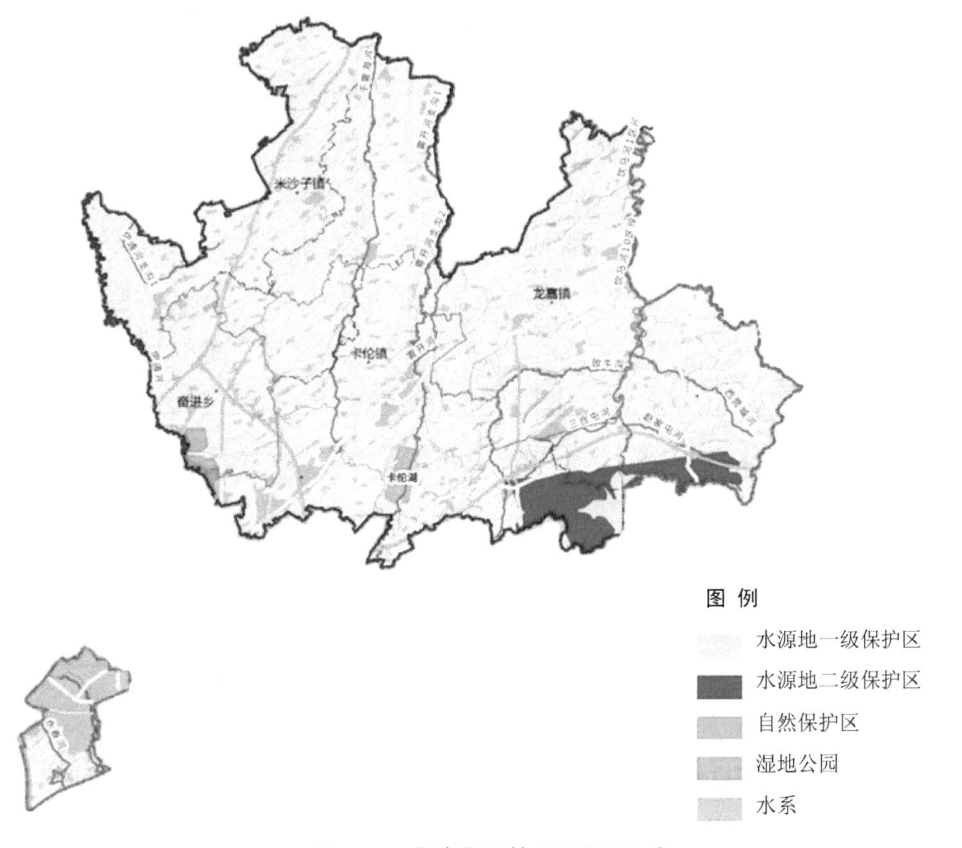

图 11-1　长春新区禁止开发区分布

表 11-1　长春新区禁止开发区分类汇总

名称	类型	保护区面积/km^2		
		一级	二级	准保护区
石头口门水库生活饮用水水源保护区	湖库型	105	231	4 608
九台湿地自然保护区	自然保护区	33.7（部分在控制区内）		
北湖湿地公园	湿地公园	11.82		
饮马河及其支流	江河流域	—		
伊通河及其支流	江河流域	—		

注：“—”表示未明确具体范围及面积。

11.1.1.2 生态空间评价

根据《关于划定并严守生态保护红线的若干意见》，生态空间指具有自然属性、以提供生态服务或生态产品为主体功能的国土空间，包括森林、草原、湿地、河流、湖泊、滩涂、岸线、海洋、荒地、荒漠、戈壁、冰川、高山冻原、无居民海岛等。生态环境部发布的《关于规划环境影响评价加强空间管制、总量管控和环境准入的指导意见（试行）》，要求从维护生态系统完整性的角度，识别并确定需要严格保护的生态空间，作为区域空间开发的底线，并据此优化相关生产空间和生活空间布局，强化开发边界管制。在国家空间规划试点方案中，提出“三区三线”空间管控思路，要求划定城镇、农业、生态空间以及生态保护红线、永久基本农田、城镇开发边界。因此，生态空间的保护是国土空间保护以及环境影响评价的重要内容。综合考虑，生态空间应包括重点生态功能区、生态敏感区、生态脆弱区、生物多样性保护优先区和自然保护区等法定禁止开发区域，以及其他对于维持生态系统结构和功能具有重要意义的区域。

为保证生态系统的完整性，本研究分新区规划区（499 km^2）和控制区（1 154 km^2）两个层次对生态空间进行识别和评价，对新区生态环境格局进行定量评估。

长春新区规划区和控制区范围内，耕地是主导的用地类型，城市建设处于初级开发阶段，现有的建设地块沿道路线状分布。根据现状土地利用覆被类型，将城市、城镇、村庄、采矿用地、交通用地等人工建设用地划分为城镇空间，在新区规划区和控制区范围内，城镇空间占比在 20%左右。将林地、草地、水源、滩涂、沟渠、沙地、裸地等未利用地划入生态空间，占比在 14%左右。将耕地、园地、设施农用地、农田水利用地等以提供农业产品为主的用地划入农业空间，占比在 65%以上。

根据农业、生态、城镇三类空间占比特征，按照 10%、60%、100%进行迭代运算，共划分为 19 类评价类型。分别统计长春新区规划区、控制区范围内各空间类型占比情况。大写字母表示所占类型至少 60%，不到 100%；小写字母表示至少 10%，但小于 60%。

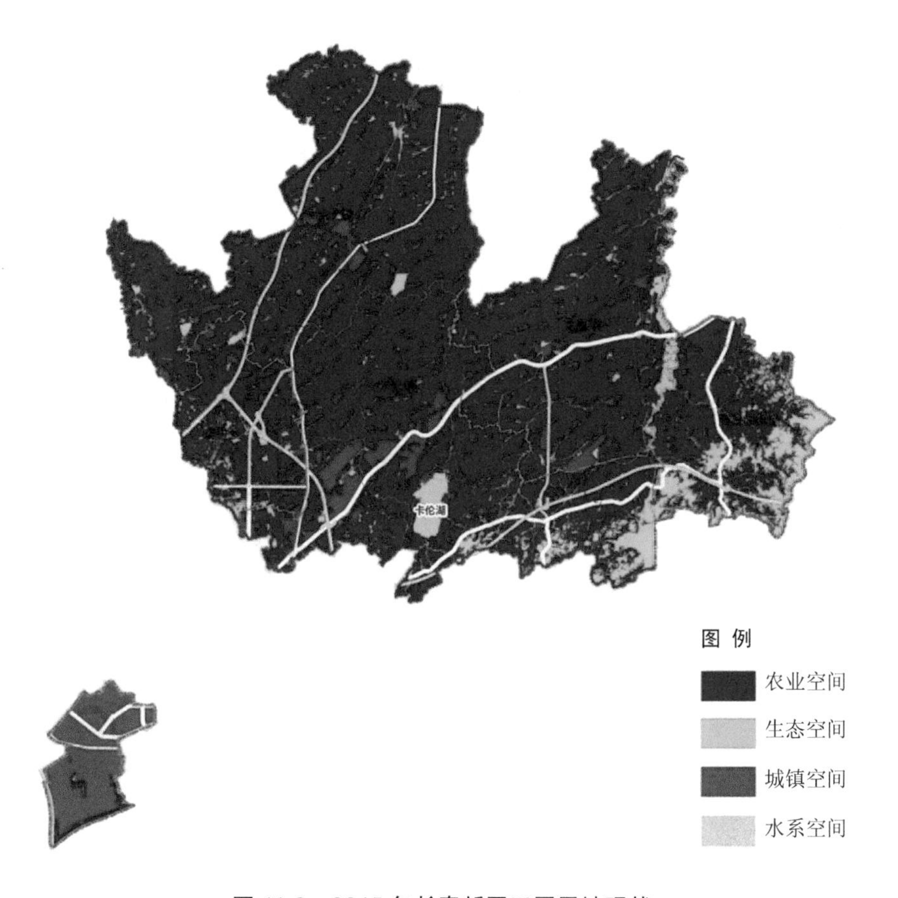

图 11-2 2015 年长春新区三区用地现状

表 11-2 长春新区现状三区用地汇总 单位：km^2

分类	内容	新区规划区		新区控制区	
		面积/km^2	比例/%	面积/km^2	比例/%
农业空间	耕地、园地、设施农用地、农田水利用地	331.6	65.4	823.7	71.0
生态空间	林地、草地、水域、滩涂、沟渠、沙地、裸地等未利用地	71.7	14.1	131.8	11.4
城镇空间	城市、城镇、村庄、采矿用地等居民点用地、交通用地	103.7	20.4	205.1	17.7

表 11-3 长春新区范围内三区用地评估汇总

	编号	代码	类型	面积/km^2	比例/%
农业功能主导空间	1	A	农业	7.74	1.53
	4	Ad	农业+城镇	8.17	1.61
	5	An	农业+生态	10.91	2.15
	10	Adn	农业+城镇+生态	0.07	0.01
	18	AA	农业	300.43	59.25
小计				327.33	64.56
城镇功能主导空间	2	D	城镇	3.84	0.76
	6	Dn	城镇+生态	2.14	0.42
	7	Da	城镇+农业	8.19	1.61
	11	Dan	城镇+农业+生态	0.07	0.01
	19	DD	城镇	86.95	17.15
小计				101.18	19.96
生态功能主导空间	3	N	生态	4.53	0.89
	8	Na	生态+农业	10.49	2.07
	9	Nd	生态+城镇	2.04	0.40
	12	Nad	生态+农业+城镇	0.08	0.02
	17	NN	生态	51.33	10.12
小计				68.46	13.50
复合功能	13	ad	农业+城镇	3.67	0.72
	14	an	农业+生态	4.92	0.97
	15	dn	城镇+生态	0.95	0.19
	16	adn	农业+城镇+生态	0.43	0.08
	0			0.11	0.02
小计				10.07	1.99
合计				507.0	100

注：大写字母表示所占类型至少 60%，不到 100%；小写字母表示至少 10%，但小于 60%。

表 11-4　长春新区控制区范围内三区用地评估汇总

	编号	代码	类型	面积/km²	比例/%
农业功能主导空间	1	A	农业	17.21	1.48
	4	Ad	农业+城镇	20.72	1.78
	5	An	农业+生态	20.95	1.81
	10	Adn	农业+城镇+生态	0.16	0.01
	18	AA	农业	755.57	65.10
小计				814.61	70.19
城镇功能主导空间	2	D	城镇	9.04	0.78
	6	Dn	城镇+生态	4.47	0.38
	7	Da	城镇+农业	19.77	1.70
	11	Dan	城镇+农业+生态	0.16	0.01
	19	DD	城镇	165.50	14.26
小计				198.94	17.14
生态功能主导空间	3	N	生态	8.55	0.74
	8	Na	生态+农业	19.75	1.70
	9	Nd	生态+城镇	4.29	0.37
	12	Nad	生态+农业+城镇	0.18	0.02
	17	NN	生态	92.60	7.98
小计				125.36	10.80
复合功能	13	ad	农业+城镇	9.16	0.79
	14	an	农业+生态	9.39	0.81
	15	dn	城镇+生态	1.99	0.17
	16	adn	农业+城镇+生态	0.98	0.08
	0			0.21	0.02
小计				21.71	1.87

注：大写字母表示所占类型至少 60%，不到 100%；小写字母表示至少 10%，但小于 60%。

由此可以得出以下结论：

（1）长春新区规划区、控制区范围内，以 AA、DD、NN 为代表的用地类型占比最显著，以复合功能为主的灰度用地占比最小，均不足 2%。表明新区规划区及控制区范围内，现状用地格局和结构比较明显、单一，城镇、农业、生态三类分区之间的用地界线比较清晰，用地景观类型之间交互影响的区域很少。

（2）在新区规划区及控制区范围内，以农业功能主导的空间占比最大，分别占总面积的 64.56%和 70.19%，其次为城镇功能为主的空间，最后为生态功能为主的空间。新区控制区范围内生态空间占比相对较少，但生态用地总量相比其他范围内占比相对较大，为新区规划区范围内生态功能空间总用地的 1.8 倍。

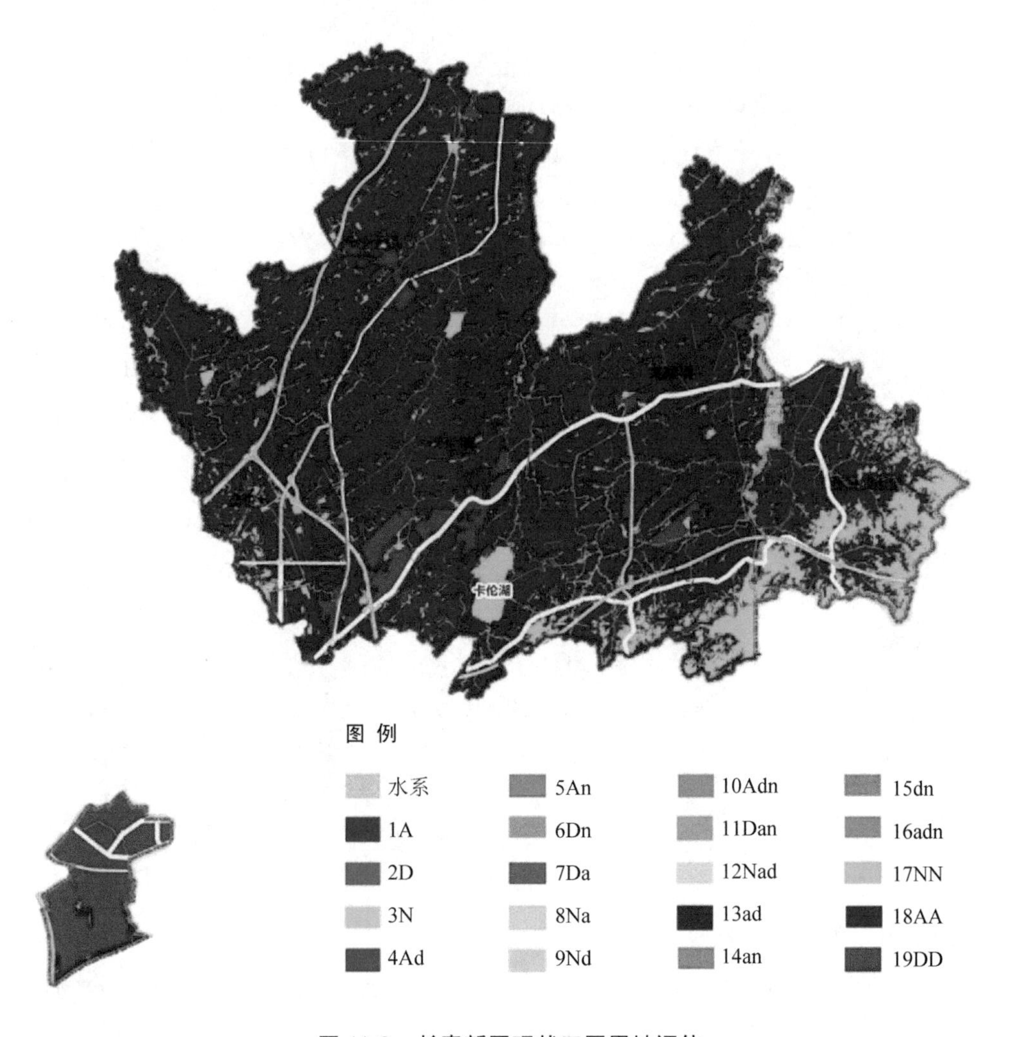

图 11-3 长春新区现状三区用地评估

（3）高新区以城镇空间为主，新区的北部范围主要以农业空间为主，新区最外层的控制区范围内东部区域分布有大黑山余脉、石头口门水库水源地的部分区域。水库下游的饮马河流域生态空间保护状况较好，空间形状较完整。卡伦湖是新区范围内面积最大的湖泊湿地，北湖湿地现状特征不明显。

11.1.1.3 生态空间划定

综合以上分析，长春新区生态空间由三部分组成。一是长春新区范围内的禁止开发区域；二是基于图论方法，评价确定的重要生态斑块；三是基于生态系统重要性和敏感性评价确定的具有重要生态功能的区域。

图 11-4 长春新区生态空间初步识别分布（基于图论方法）

首先，基于对长春新区范围内生态、城镇、农业空间现状评估结果，提取以生态服务为主导功能的 N、Na、Nd、Nad、NN 五类生态用地。主要分布在新区北部范围内，包括卡伦湖、石头口门水库、饮马河、大黑山余脉等生态资源。

表 11-5　长春新区生态空间划定方案（基于图论方法）

项目	新区规划区（499 km^2）	新区控制区（1 154 km^2）
生态空间面积/km^2	106.0	187.3
比例/%	20.9	16.1

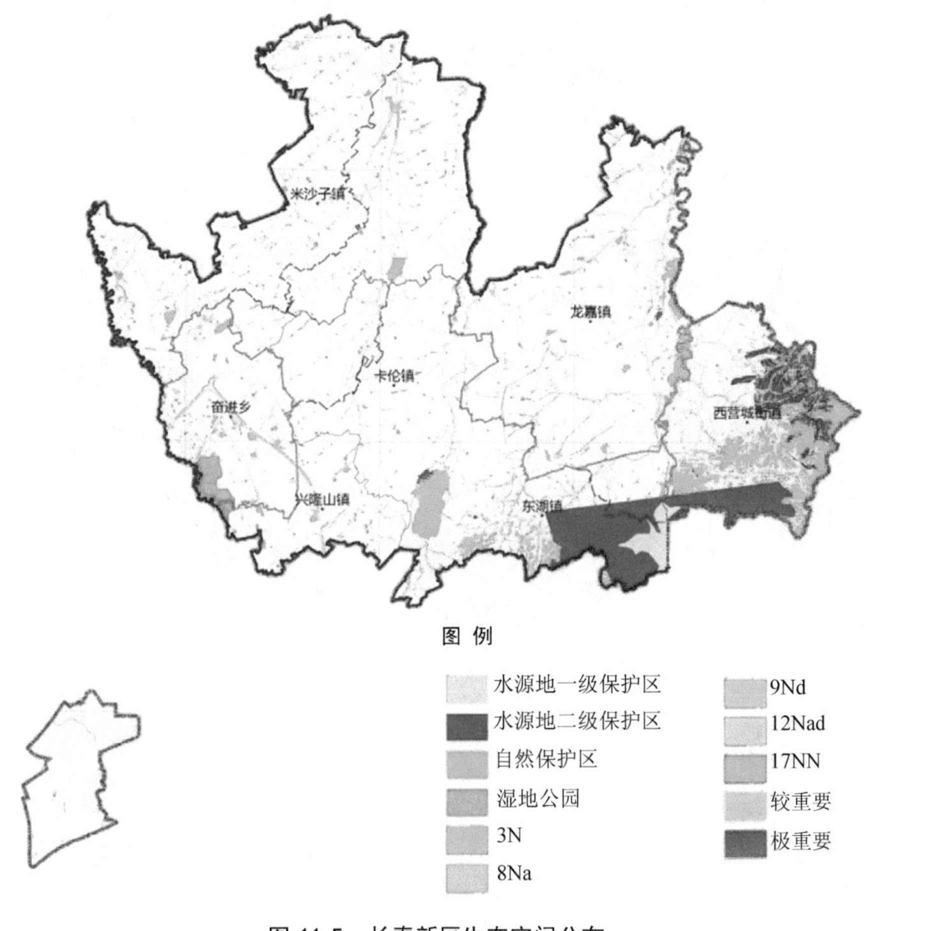

图 11-5　长春新区生态空间分布

其次，根据长春新区水土保持重要性、水源涵养重要性以及水土流失敏感性评价结果，将其中生态重要性评价确定的较重要、极重要区以及生态敏感性评价确定的中度敏感和高度敏感区纳入生态空间，实施重点保护。评价结果中较大面积与图论方法确定生态空间相重合。

将以上三类区域进行空间叠合，综合识别长春新区规划区和控制区范围内的生态空间。长春新区规划区范围内生态空间面积 106 km^2，占新区范围的 20.9%；长春新区控制区范围内生态空间面积 187.3 km^2，占控制区范围的 16.1%。

11.1.2　生态环境分区管控方案

2016 年 6 月，长春市人民政府办公厅印发了《长春市生态保护红线划定工作方案》，正式启动了长春市生态保护红线的划定工作。根据《长春市生态保护红线划定方案（报批稿）》，长春新区控制区范围内有两处生态保护红线区（图 11-6），分别为

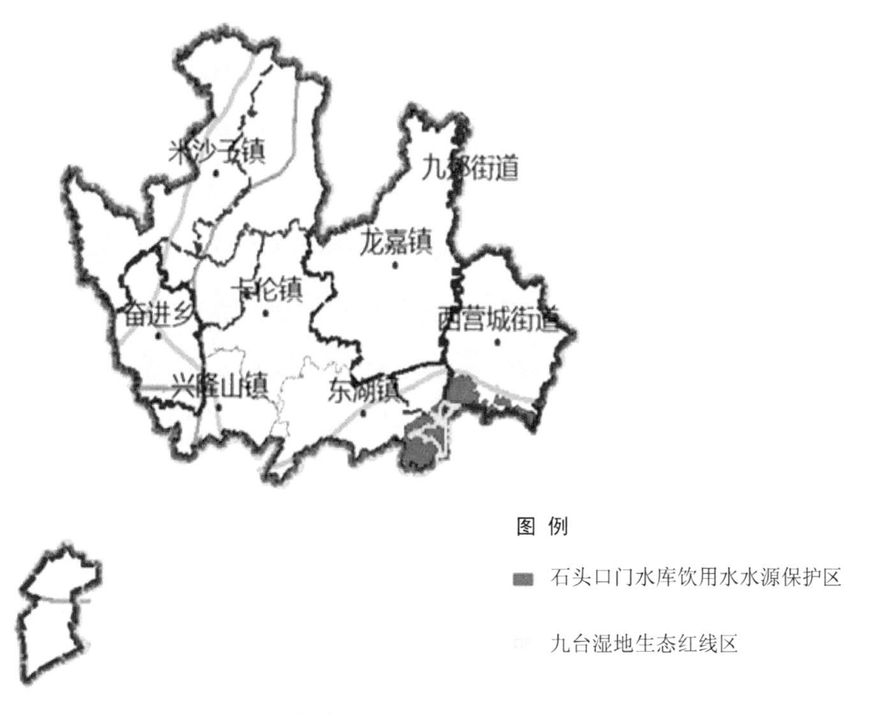

图 11-6　长春新区生态保护红线划定方案

九台湿地生态红线区（蓝色）和石头口门水库饮用水水源保护区（红色）。其中，石头口门水库饮用水水源保护区 6.3 km^2，九台湿地自然保护区面积 33.7 km^2，九台湿地位于石头口门水库饮用水水源保护区范围内。规划区范围内生态保护红线 14.8 km^2，占 3.0%；新区控制区范围内生态保护红线 33.7 km^2，占 2.9%。

基于生态环境系统评价与生态空间识别，结合长春市生态保护红线划定方案，提出以下建议：建议长春新区在生态保护红线过程中进一步加强生态保护，在长春市生态保护红线的基础上，将生态空间与生态系统评价中的确定的大型斑块，以及为维护区域生态稳定性，需要保护的主要河流、交通干道等生态廊道纳入生态空间。除生态保护红线之外，考虑对重点、连片生态空间进行保护，建立长春新区生态环境空间管控体系。建议将饮马河、伊通河、干雾海河、雾开河等主干河流，北湖、卡伦湖及外围区域，大黑山余脉大型生境斑块、石头口门水库二级保护区、九台湿地及生态系统评价确定的较重要、敏感区域，纳入重点生态空间。重点生态空间占新区控制区的 14.2%，在新区规划区范围内占 17.6%。基于图论方法评价识别的生态空间为一般生态空间（不计重复），面积 22.7 km^2，占新区规划区总用地的 4.5%。

表 11-6　生态环境分区管控建议方案

分类	新区控制区范围		新区规划区范围	
	面积/km^2	比例/%	面积/km^2	比例/%
生态保护红线	33.7	2.9	14.8	3.0
重点生态空间	163.7	14.2	87.9	17.6
一般生态空间	41.5	3.6	22.7	4.5
合计	221.9	19.2	115.1	23.1

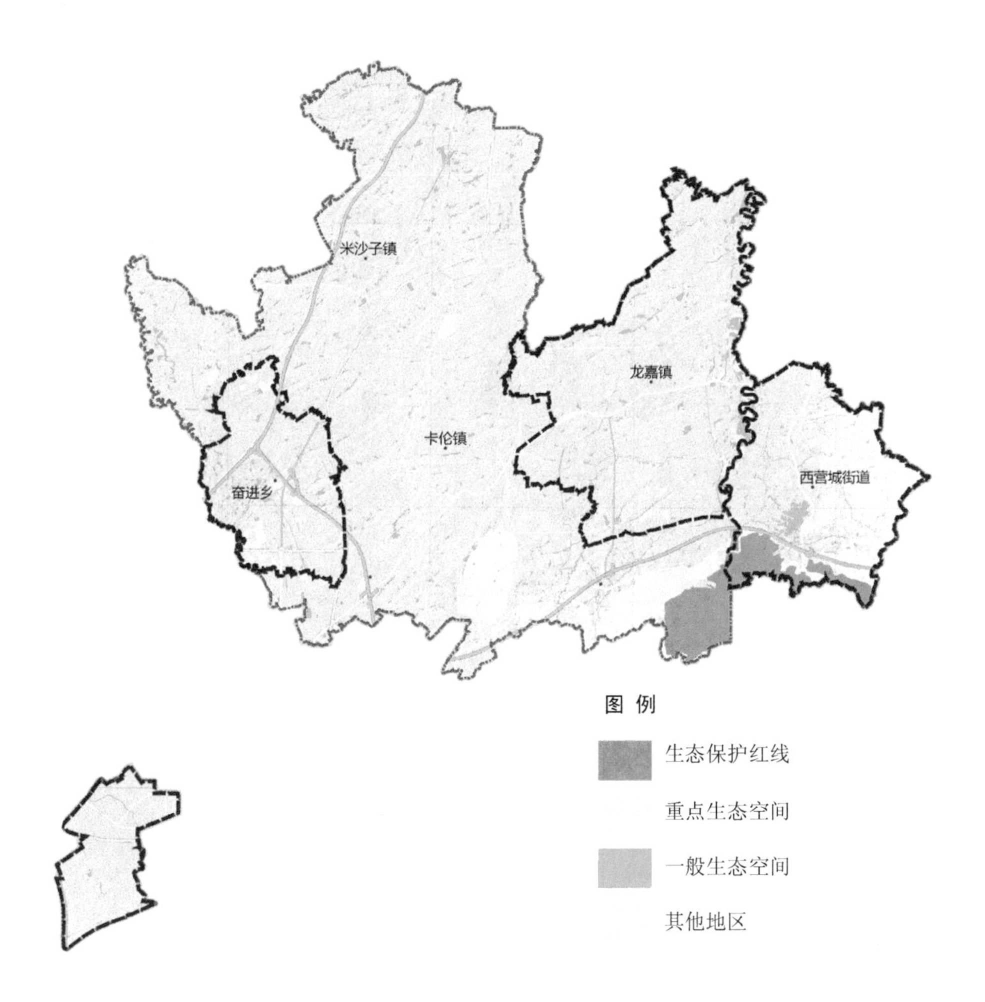

图 11-7　长春新区生态环境空间管控

11.2　水环境空间管控研究

11.2.1　水环境控制单元划定

基于 30 mDEM 数字高程模型，借助 GIS 软件水文分析工具，在长春新区控制区范围内共划定 373 个汇水区单元。在此基础上，通过实测河网流向及大流域边界进行汇水区修整，考虑吉林省、长春市“水十条”控制单元划分成果，将 373 个汇水区单元整合为 33 个控制单元（1 154 km^2 范围内）。其中，长春新区（499 km^2 范围内）规划区范围内共划定 191 个汇水区单元，并整合为 25 个控制单元。

图 11-8　长春新区水环境控制单元划分

11.2.2 水环境敏感性脆弱性评价

以控制单元为单位，按照饮用水安全优先、源头水重点保护、水质目标就高不就低等原则进行新区控制单元的敏感性、脆弱性评价。

11.2.2.1 水环境敏感性评价

根据水环境敏感性评价方法，对 33 个水环境控制单元进行敏感性评价，具体评价结果见表 11-7。

表 11-7 长春新区控制区水环境控制单元敏感性评价

序号	水体名称	管控区编码	敏感性评价	敏感性说明
1	干雾海河	干-四-0-西-南 4	敏感性一般	
2	饮马河	饮-五-1-南 6	敏感性一般	
3	雾开河	雾-五-2-南 4	敏感性一般	
4	饮马河	饮-三-3-南 5	敏感性三级	小南河支流源头水补给区
5	伊通河	伊-四-5-东-南 4	敏感性一般	
6	干雾海河	干-四-7-西-南 3	敏感性一般	
7	雾开河	雾-四-8-东-南 2	敏感性一般	
8	饮马河	饮-五-10-南 5	敏感性一般	
9	饮马河	饮-二-11-南 5	敏感性二级	九台区地下水水源地补给区
10	干雾海河	干-五-12-东-南 3	敏感性一般	
11	饮马河	饮-三-14-中-南 4	敏感性一般	
12	干雾海河	干-四-16-东-南 2	敏感性一般	
13	伊通河	伊-五-17-西-南 3	敏感性一般	
14	饮马河	饮-三-18-东-南 4	敏感性一般	

序号	水体名称	管控区编码	敏感性评价	敏感性说明
15	干雾海河	干-四-19-西-南 2	敏感性一般	
16	雾开河	雾-五-21-中-南 3	敏感性一般	
17	干雾海河	干-五-22-中-南 2	敏感性一般	
18	雾开河	雾-四-25-中-南 2	敏感性一般	
19	雾开河	雾-四-26-西-南 2	敏感性一般	
20	饮马河	饮-二-27-南 3	敏感性二级	石头口门水库水源地上游区
21	雾开河	雾-三-29-源	敏感性三级	
22	饮马河	饮-二-30-南 3	敏感性二级	石头口门水库水源地二级保护区
23	干雾海河	干-三-31-源头	敏感性一般	
24	伊通河	伊-四-32-东-南 1	敏感性一般	
25	饮马河	饮-三-33-西-南 4	敏感性一般	
26	伊通河	伊-五-34-西-南 2	敏感性一般	
27	伊通河	伊-五-37-西-南 1	敏感性一般	
28	伊通河	伊-四-49-东-南 3	敏感性一般	
29	伊通河	伊-四-50-东-南 2	敏感性一般	
30	伊通河	饮-一-53-西-南 3	敏感性一级	石头口门水库水源地一级保护区
31	伊通河	伊-五-54-西-南 4	敏感性一般	
32	伊通河	伊-四-55-北湖湿地	敏感性三级	北湖湿地
33	永春河	永春河干流段	敏感性一般	

图 11-9　长春新区水环境敏感性评价图

11.2.2.2　水环境脆弱性评价结果

根据水环境脆弱性评价方法，对 33 个水环境控制单元进行脆弱性评价，具体评价结果见下。

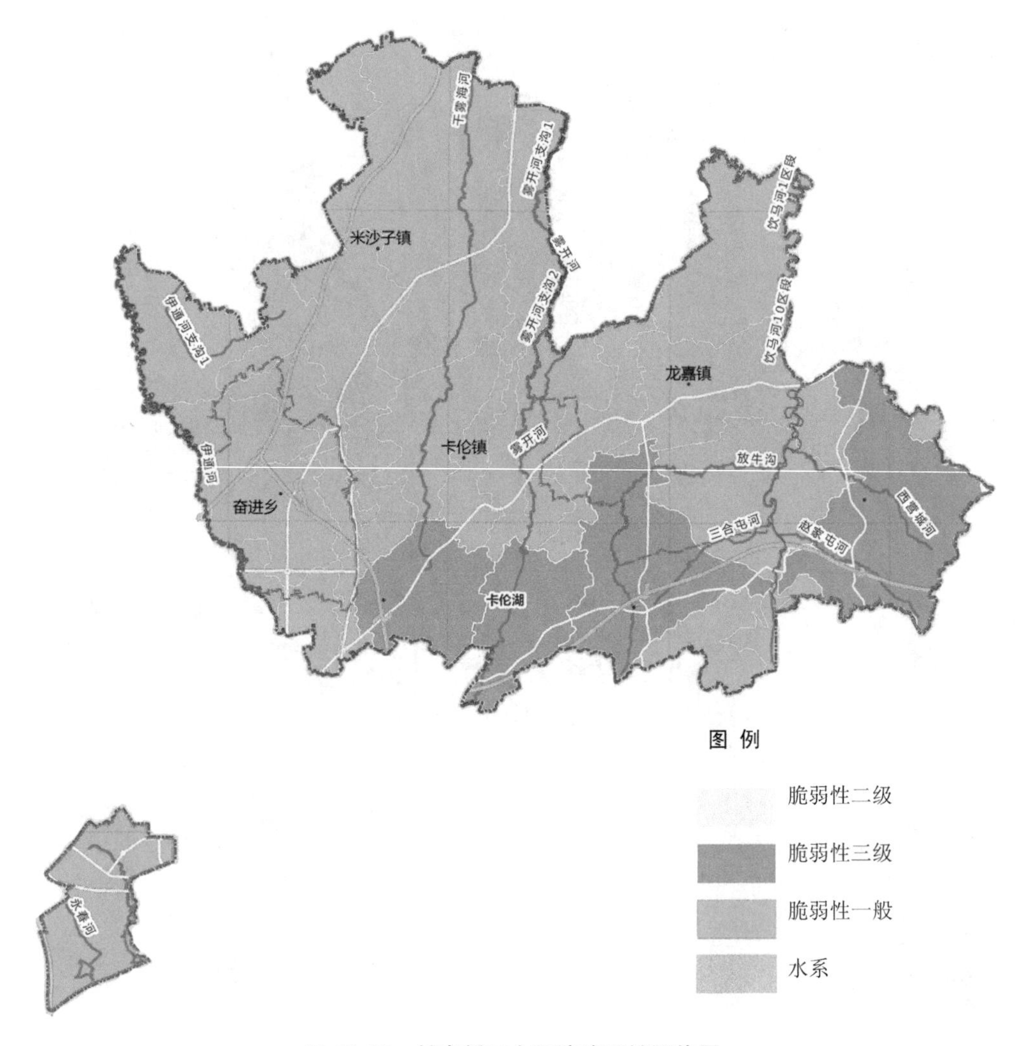

图 11-10 长春新区水环境脆弱性评价图

表 11-8 长春新区控制区水环境控制单元脆弱性评价表

序号	水体名称	管控区编码	脆弱性评价	脆弱性说明
1	干雾海河	干-四-0-西-南 4	脆弱性一般	
2	饮马河	饮-五-1-南 6	脆弱性一般	
3	雾开河	雾-五-2-南 4	脆弱性一般	

序号	水体名称	管控区编码	脆弱性评价	脆弱性说明
4	饮马河	饮-三-3-南 5	脆弱性一般	
5	伊通河	伊-四-5-东-南 4	脆弱性一般	
6	干雾海河	干-四-7-西-南 3	脆弱性一般	
7	雾开河	雾-四-8-东-南 2	脆弱性一般	
8	饮马河	饮-五-10-南 5	脆弱性一般	
9	饮马河	饮-二-11-南 5	脆弱性三级	九台区地下水水源地补给区，地表径流不足
10	干雾海河	干-五-12-东-南 3	脆弱性一般	
11	饮马河	饮-三-14-中-南 4	脆弱性一般	
12	干雾海河	干-四-16-东-南 2	脆弱性一般	
13	伊通河	伊-五-17-西-南 3	脆弱性一般	
14	饮马河	饮-三-18-东-南 4	脆弱性三级	饮马河支流西营城河源头水区，地表径流不足
15	干雾海河	干-四-19-西-南 2	脆弱性一般	
16	雾开河	雾-五-21-中-南 3	脆弱性一般	
17	干雾海河	干-五-22-中-南 2	脆弱性一般	
18	雾开河	雾-四-25-中-南 2	脆弱性一般	
19	雾开河	雾-四-26-西-南 2	脆弱性一般	
20	饮马河	饮-二-27-南 3	脆弱性二级	石头口门水库水源地上游区，地表径流不足
21	雾开河	雾-三-29-源	脆弱性三级	雾开河上游，地表径流不足
22	饮马河	饮-二-30-南 3	脆弱性一般	
23	干雾海河	干-三-31-源头	脆弱性三级	干雾海河源头，地表径流不足
24	伊通河	伊-四-32-东-南 1	脆弱性一般	
25	饮马河	饮-三-33-西-南 4	脆弱性三级	饮马河支流放牛沟、三合屯河源头水区，地表径流不足
26	伊通河	伊-五-34-西-南 2	脆弱性一般	
27	伊通河	伊-五-37-西-南 1	脆弱性一般	

序号	水体名称	管控区编码	脆弱性评价	脆弱性说明
28	伊通河	伊-四-49-东-南 3	脆弱性一般	
29	伊通河	伊-四-50-东-南 2	脆弱性一般	
30	伊通河	饮-一-53-西-南 3	脆弱性一般	
31	伊通河	伊-五-54-西-南 4	脆弱性一般	
32	伊通河	伊-四-55-北湖湿地	脆弱性一般	
33	永春河	永春河干流段	脆弱性一般	

11.2.3 水环境维护重点区域识别

以控制单元为基础，结合水环境敏感性、脆弱性评价结果，综合考虑水源保护区、重要水源涵养区、重要保护目标、污染扩散能力差的河段以及上下游水质目标承接区等因素，识别水环境高功能、高脆弱、高敏感的区域，划定水环境质量核心管控区、重点管控区。

（1）控制区范围

①水环境质量核心管控区包括水环境控制单元 1 个，为石头口门水库城镇集中式饮用水水源地一级保护区，面积 6.45 km^2。

②水环境质量重点管控区包含水环境控制单元 10 个，分别为石头口门水库城镇集中式饮用水水源地二级保护区和汇水区、干雾海河源头水保护区、雾开河源头水保护区和饮马河重要支流（放牛沟、西营城河、三合屯河、赵家屯河）源头水保护区，面积 329.37 km^2。

（2）规划区范围

①水环境质量核心管控区包括水环境控制单元 1 个，为石头口门水库城镇集中式饮用水水源地一级保护区，面积 0.56 km^2。

②水环境质量重点管控区包含水环境控制单元 8 个，分别为石头口门水库城镇集中式饮用水水源地二级保护区和汇水区、饮马河支流（放牛沟、西营城河、三合屯河、赵家屯河）源头水保护区，面积 123.12 km^2。

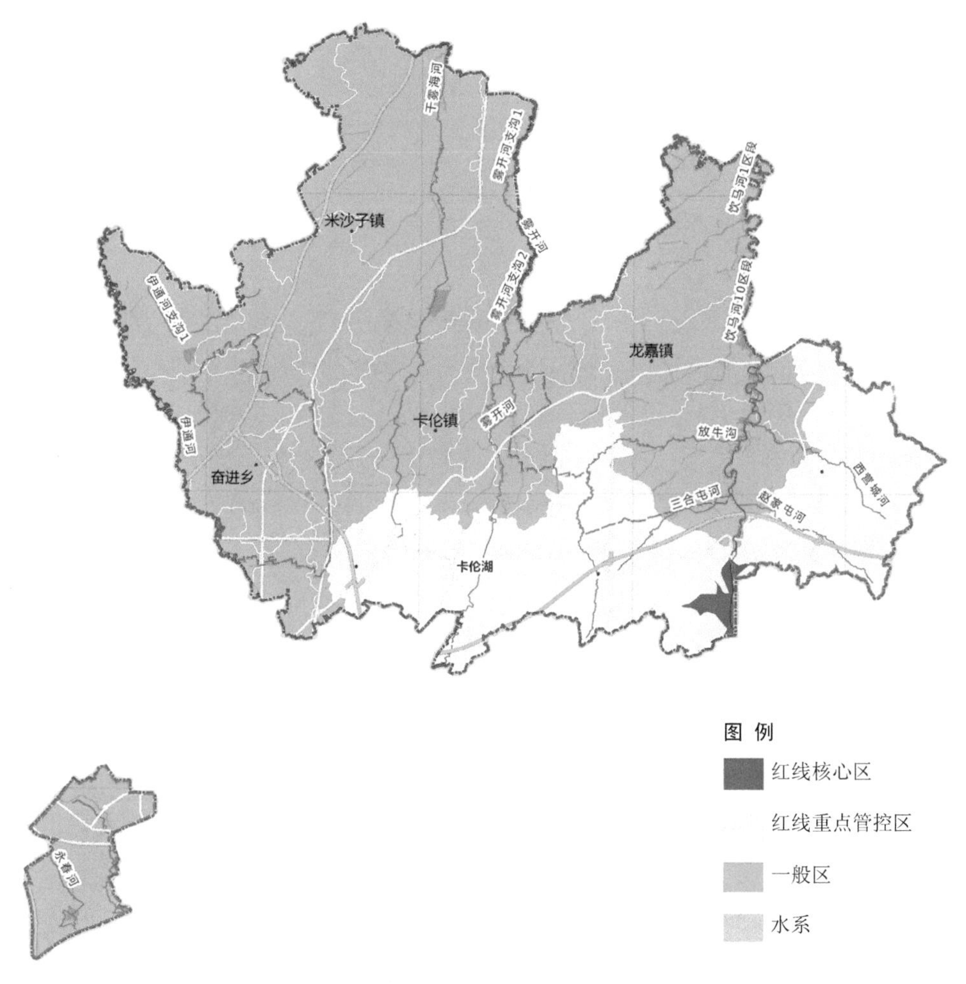

图 11-11　长春新区水环境质量维护重点区域

表 11-9　长春新区控制区水环境质量维护重点区域一览表

序号	水体名称	管控区名称	区级
1	干雾海河	干-四-0-西-南 4	重点管控区（三级）
2	饮马河	饮-五-1-南 6	一般管控区
3	雾开河	雾-五-2-南 4	一般管控区
4	饮马河	饮-三-3-南 5	重点管控区（二级）

序号	水体名称	管控区名称	区级
5	伊通河	伊-四-5-东-南 4	重点管控区（三级）
6	干雾海河	干-四-7-西-南 3	重点管控区（三级）
7	雾开河	雾-四-8-东-南 2	重点管控区（三级）
8	饮马河	饮-五-10-南 5	一般管控区
9	饮马河	饮-二-11-南 5	重点管控区（一级）
10	干雾海河	干-五-12-东-南 3	一般管控区
11	饮马河	饮-三-14-中-南 4	重点管控区（三级）
12	干雾海河	干-四-16-东-南 2	重点管控区（二级）
13	伊通河	伊-五-17-西-南 3	一般管控区
14	饮马河	饮-三-18-东-南 4	重点管控区（二级）
15	干雾海河	干-四-19-西-南 2	重点管控区（二级）
16	雾开河	雾-五-21-中-南 3	一般管控区
17	干雾海河	干-五-22-中-南 2	重点管控区（三级）
18	雾开河	雾-四-25-中-南 2	重点管控区（三级）
19	雾开河	雾-四-26-西-南 2	重点管控区（三级）
20	饮马河	饮-二-27-南 3	重点管控区（一级）
21	雾开河	雾-三-29-源	重点管控区（二级）
22	饮马河	饮-二-30-南 3	重点管控区（一级）
23	干雾海河	干-三-31-源头	重点管控区（二级）
24	伊通河	伊-四-32-东-南 1	重点管控区（三级）
25	饮马河	饮-三-33-西-南 4	重点管控区（二级）
26	伊通河	伊-五-34-西-南 2	一般管控区
27	伊通河	伊-五-37-西-南 1	一般管控区
28	伊通河	伊-四-49-东-南 3	重点管控区（三级）
29	伊通河	伊-四-50-东-南 2	重点管控区（三级）
30	伊通河	饮-一-53-西-南 3	核心管控区
31	伊通河	伊-五-54-西-南 4	一般管控区
32	伊通河	伊-四-55-北湖湿地	重点管控区（三级）
33	永春河	永春河干流段	一般管控区

11.3　大气环境空间管控研究

11.3.1　大气环境网格化划分

以千米网格为基础空间单元，基于气象、空气质量模型，模拟区域大气环流、风场风道、污染集聚扩散特征，识别源头布局敏感、污染聚集脆弱、功能重要（如人口聚集区）等重点网格单元。

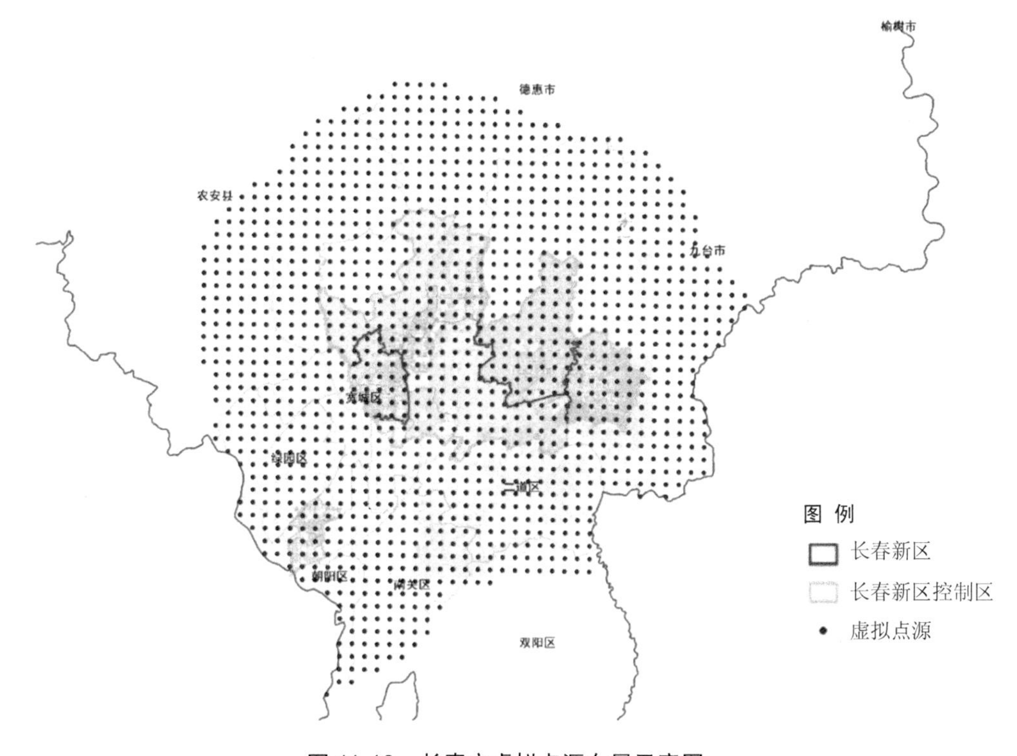

图 11-12　长春市虚拟点源布局示意图

研究范围以新区为中心，向周边扩张 20 km 建立评估区域。设置 1 391 个 2 km×2 km 为基本单元的矩形网格，在每个网格中心布设排放量相同的虚拟点源，采用空气质量模型 CALPUFF，逐一模拟每个网格单位污染物排放对周边区域空气质量的影响，依据其影响范围和程度定量分析污染源空间布局的敏感性。

11.3.2 大气环境布局敏感区识别

评价各网格污染物排放对受体点的影响程度，定量分析每个网格单元布局污染源的敏感性。受区域风场的影响，在排放等量污染物的情况下，各网格点处对人口密集区的平均浓度贡献存在显著差异。评价结果显示，高敏感性面积约 142.5 km^2，占总面积的 12.35%左右，分布于主要功能组团的上风向区域，包括高新区西南部、北湖经济区西南区和空港经济区东、西区交叉地带的西部。长德经济区整体扩散能力较强，未出现高敏感性地区。

图 11-13 长春新区布局敏感区分布示意图

11.3.3　大气环境聚集敏感区识别

在所有虚拟污染点源同时排放污染物情况下，利用空气质量模型 CALPUFF 模拟污染物浓度空间分布。污染物浓度较高地区则为容易产生静风、污染扩散能力较弱的地区，也表明该地区聚集敏感性越高。评价结果显示，长春新区聚集敏感性面积 85.1 km^2，占新区总面积的 7.4%，主要集中于空港经济区西部大黑山山脚下区域、石门头口水库与大黑山相交区域，空港经济区西区北部有零星分布。

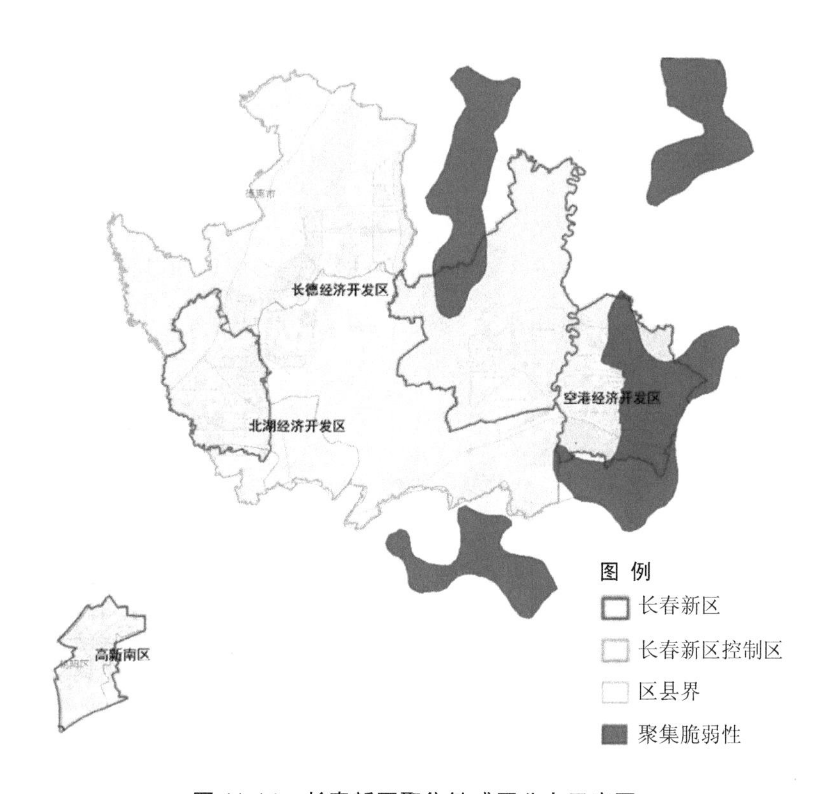

图 11-14　长春新区聚集敏感区分布示意图

11.3.4 大气环境功能重要区识别

基于新区人口密度、城市定位，以及不同环境功能区对空气污染的敏感性及基本要求的差异性，对大气环境受体的重要性进行识别和划分。

将新区内法定保护的空气质量一级区划定为大气环境功能重要区，主要包括新区庙香山风景名胜区、北湖湿地公园，与新区交界处面积 3.69 km^2。

现状长春区域内人口主要集中于中心城区以及九台区建成区内，现状长春新区人口高密度区集中于高新区北部，其余大多数区域人口密集较低。

结合规划期间长春新区内建设用地类型，识别以生活、行政、教育、办公、旅游观光等对大气环境质量有特殊要求的区域，也将其识别为功能重要区。评价结果显示，长春新区内大气环境功能重要区面积 115.61 km^2，约占总面积 10.02%，主要分布于：①高新区南北两端，其中北部为现状人群密集区，南部为规划人口密集区；②北湖经济区内北湖公园及周边区域，区内生态良好，规划期以国际商务和居住为主；③长德经济区干雾海河两岸区域，规划以居住和商业为主；④空港经济区东区，以观光旅游和信息教育为主。

（a）新区范围法定保护区

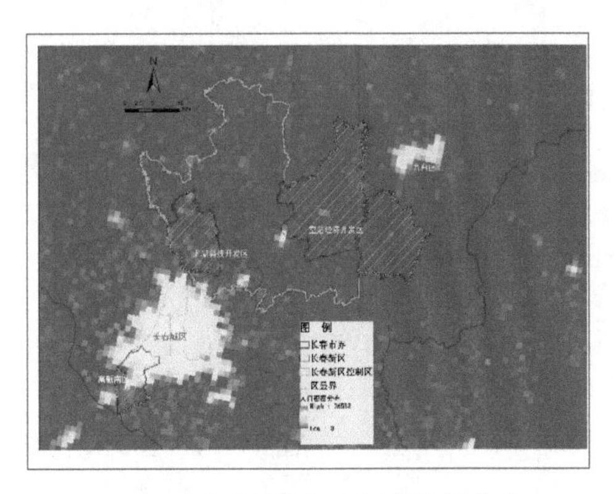

（b）区域人口密度空间分布

图 11-15 长春新区现状功能重要性评价

图 11-16　长春新区大气环境功能重要性分布示意图

11.3.5　大气环境维护重点区域识别

规划划定了大气重点管控区，将高新区划为人口密集区，北湖开发区南部和空港东区部分区域划入布局敏感性重点管控区。

本评价在对新区区域大气环境要素做更详细分析的基础上，①现状人口密集区主要集中于高新区北部和北湖开发区南部，空港东区、高新区北部为规划期间的人口密集区；②高新区全部、北湖开发区西南部和空港区中部都处于布局敏感区范围内；③空港区最东侧临近大黑山山脉处在部分时段扩散能力较弱，建议将上述区域也纳入大气环境维护重点区。

综合以上因素，大气环境维护重点管控区包括大气功能重要区、布局敏感区和聚集脆弱区三种类型总面积约 263.7 km^2，占长春新区总面积的 52.8%，根据敏感类型的不同，不同区域采取差异化的空间准入和负面清单要求。

图 11-17 建议新区大气环境质量维护重点区域空间分布图

11.4　水环境承载状况评估

11.4.1　水环境承载现状评估

——伊通河

区域内伊通河流域水环境理论容量：COD 347.93 t/a，氨氮 9.27 t/a。长春新区内伊通河排污口排污情况：COD 8.4 t/a，氨氮 0 t/a。

对比分析可知：长春新区现阶段有组织的污染排放未超出区域内伊通河流域的水环境理论容量。但由于上游来水污染严重（长春市区污水排放），导致区域内伊通河水质相对较差。

——饮马河

区域内饮马河流域水环境理论容量：COD 175.13 t/a，氨氮 4.67 t/a。长春新区内饮马河排污口排污情况：COD 66.98 t/a，氨氮 13.18 t/a。

对比分析可知：长春新区现阶段氨氮排放超出区域内饮马河流域的水环境理论容量。

——雾开河

区域内雾开河流域水环境理论容量：COD 53.98 t/a，氨氮 1.44 t/a。排污口排污情况：COD 209.64 t/a，氨氮 30.20 t/a。

对比分析可知：污染排放已超出区域内雾开河河段的水环境理论容量，加之上游来水水质污染严重，水质改善压力较大。

——干雾海河

区域内干雾海河流域水环境理论容量：COD 59.10 t/a，氨氮 1.57 t/a。排污口排污情况：COD 525.48 t/a，氨氮 83.210 t/a。

对比分析可知：污染排放已超出区域内雾开河河段的水环境理论容量，加之上游来水水质污染严重，水质改善压力较大。

——永春河

区域内永春河流域水环境理论容量：COD 25.25 t/a，氨氮 0.67 t/a。长春新区内饮马河排污口排污情况：COD 262.04 t/a，氨氮 35.17 t/a。

对比分析可知：污染排放已经超出区域内永春河流域的水环境理论容量，加之上游来水水质污染严重，水质改善压力较大。

11.4.2 规划情景下承载状况评估

基于新区各控制单元内河流河道的理论水环境容量（COD、氨氮），结合主要污染物排放预测结果，对5个流域规划目标年（2020年、2030年）水环境承载状况进行评估。具体水陆定性影响关系见表11-10。

表11-10 水陆定性影响关系一览表

序号	流域	污染来源	可能污染来源
1	伊通河	北湖科技开发区	经济开发区北区
2	饮马河	空港经济开发区	—
3	雾开河	—	九台经济开发区、长德经济开发区
4	干雾海河	兴隆综合保税区、东北亚国际物流园	经济开发区北区、九台经济开发区、长德经济开发区
5	永春河	长春高新技术产业开发区	—

情景1：一般污染处理水平下的水环境承载状况评估

（1）伊通河

区域内伊通河流域水环境理论容量：COD 347.93 t/a，氨氮 9.27 t/a。伊通河污染来源涉及：北湖科技开发区、经济开发区北区。

预测排污情况：

①北湖科技开发区：2020年COD排放量786.81 t/a，氨氮排放量191.65 t/a；2030

年 COD 排放量 1 168.11 t/a，氨氮排放量 205.68 t/a。

②经济开发区北区：2020 年 COD 排放量 170.73 t/a，氨氮排放量 31.38 t/a；2030 年 COD 排放量 377.40 t/a，氨氮排放量 54.97 t/a。

对比分析可知：在城镇生活污水和工业废水一般污染处理水平下，即使不考虑经开北区的污染排放，未来经济社会发展对伊通河本区域河段的水环境改善和保护都可能存在着较大压力。

（2）饮马河

区域内饮马河流域水环境理论容量：COD 175.13 t/a、氨氮 4.67 t/a。污染来源涉及：空港经济开发区。

预测排污情况：2020 年 COD 排放量 786.81 t/a，氨氮排放量 191.65 t/a；2030 年 COD 排放量 1 168.11 t/a，氨氮排放量 205.68 t/a。

对比分析可知：在城镇生活污水和工业废水一般污染处理水平下，长春空港经济开发区对区域内饮马河干支流水环境改善和保护可能存在着较大压力。

（3）雾开河

区域内雾开河流域水环境理论容量：COD 53.98 t/a、氨氮 1.44 t/a。污染来源涉及：九台经济开发区、长德经济开发区。

预测排污情况：

①九台经济开发区：2020 年 COD 排放量 210.31 t/a，氨氮排放量 50.53 t/a；2030 年 COD 排放量 427.16 t/a，氨氮排放量 72.10 t/a。

②长德经济开发区：2020 年 COD 排放量 2 438.58 t/a，氨氮排放量 379.74 t/a；2030 年 COD 排放量 2 175.00 t/a，氨氮排放量 315.25 t/a。

对比分析可知：如九台经济开发区、长德经济开发区城镇生活污水和工业废水在一般污染处理水平下全部排入雾开河，雾开河水质可能急剧恶化。

（4）干雾海河

区域内干雾海河流域水环境理论容量：COD 59.10 t/a，氨氮 1.57 t/a。污染来源涉及：兴隆综合保税区、东北亚国际物流园、经济开发区北区、九台经济开发区、长德经济开发区。

预测排污情况：

①兴隆综合保税区：2020 年 COD 排放量 25.55 t/a，氨氮排放量 11.97 t/a；2030 年 COD 排放量 29.20 t/a，氨氮排放量 8.21 t/a。

②东北亚国际物流园：2020 年 COD 排放量 133.30 t/a，氨氮排放量 27.38 t/a；2030 年 COD 排放量 223.15 t/a，氨氮排放量 35.95 t/a。

③经济开发区北区：2020 年 COD 排放量 170.73 t/a，氨氮排放量 31.38 t/a；2030 年 COD 排放量 377.40 t/a，氨氮排放量 54.97 t/a。

④九台经济开发区：2020 年 COD 排放量 210.31 t/a，氨氮排放量 50.53 t/a；2030 年 COD 排放量 427.16 t/a，氨氮排放量 72.10 t/a。

⑤长德经济开发区：2020 年 COD 排放量 2 438.58 t/a，氨氮排放量 379.74 t/a；2030 年 COD 排放量 2 175.00 t/a，氨氮排放量 315.25 t/a。

对比分析可知：在城镇生活污水和工业废水一般污染处理水平下，即使仅考虑兴隆综合保税区、东北亚国际物流园的污染排放，就已经对干雾海河本区域河段的水环境改善和保护造成了极大的压力。

（5）永春河

区域内永春河流域水环境理论容量：COD 25.25 t/a、氨氮 0.67 t/a。污染来源涉及：长春高新技术产业开发区。

预测排污情况：2020 年 COD 排放量 818.62 t/a，氨氮排放量 282.42 t/a；2030 年 COD 排放量 1 105.56 t/a，氨氮排放量 193.61 t/a。

对比分析可知：在城镇生活污水和工业废水一般污染处理水平下，长春高新技术产业开发区未来发展对区与内永春河河段的水环境改善和保护可能存在着巨大压力。

情景 2：污水深度处理和回用情景下的水环境承载状况评估

（1）伊通河

区域内伊通河流域水环境理论容量：COD 347.93 t/a，氨氮 9.27 t/a。伊通河污染来源涉及：北湖科技开发区、经济开发区北区。

预测排污情况：

①北湖科技开发区：2020 年 COD 排放量 0.00 t/a，氨氮排放量 0.00 t/a；2030 年 COD 排放量 0.00 t/a，氨氮排放量 0.00 t/a。

②经济开发区北区：2020 年 COD 排放量 121.81 t/a，氨氮排放量 17.90 t/a；2030 年 COD 排放量 137.92 t/a，氨氮排放量 19.61 t/a。

对比分析可知：根据规划要求，长春北湖科技开发区城镇生活污水经处理后排入北湖湿地进一步处理，达到Ⅴ类标准后排放（伊通河本河段水功能要求为Ⅴ类），长春北湖科技开发区排污量可以忽略不计，但如果位于长春新区范围之外且位于长春新区控制区范围之内的经开北区污水排放不能得到深度处理的话，将可能对伊通河本区域河段的水环境改善和保护存在着一定压力（氨氮）。

（2）饮马河

区域内饮马河流域水环境理论容量：COD 175.13 t/a、氨氮 4.67 t/a。污染来源涉及：空港经济开发区。

预测排污情况：2020 年 COD 排放量 0.00 t/a，氨氮排放量 0.00 t/a；2030 年 COD 排放量 0.00 t/a，氨氮排放量 0.00 t/a。

对比分析可知：根据规划要求，2020 年空港经济开发区退水不外排，城镇污水处理排放标准达到地表水国家标准Ⅳ类后全部回用，空港经济开发区的排污量可以忽略不计。在上游来水水质达到要求的情况下，饮马河流域本河段可以承载相关开发强度。

（3）雾开河

区域内雾开河流域水环境理论容量：COD 53.98 t/a、氨氮 1.44 t/a。污染来源涉及：九台经济开发区、长德经济开发区。

预测排污情况：

①九台经济开发区：2020 年 COD 排放量 133.35 t/a，氨氮排放量 22.67 t/a；2030 年 COD 排放量 110.61 t/a，氨氮排放量 19.08 t/a。

②长德经济开发区：2020 年 COD 排放量 1 212.76 t/a，氨氮排放量 168.91 t/a；2030 年 COD 排放量 500.75 t/a，氨氮排放量 75.68 t/a。

对比分析可知：九台经济开发区、长德经济开发区城镇生活污水和工业废水即使经过深度处理，如全部排入雾开河，雾开河水质仍可能急剧恶化。

（4）干雾海河

区域内干雾海河流域水环境理论容量：COD 59.10 t/a、氨氮 1.57 t/a。污染来源涉及：经济开发区北区、九台经济开发区、兴隆综合保税区、长德经济开发区、东北亚国际物流园。

预测排污情况：

①兴隆综合保税区：2020 年 COD 排放量 25.55 t/a，氨氮排放量 11.97 t/a；2030 年 COD 排放量 29.20 t/a，氨氮排放量 8.21 t/a。

②东北亚国际物流园：2020 年 COD 排放量 91.03 t/a，氨氮排放量 14.55 t/a；2030 年 COD 排放量 46.92 t/a，氨氮排放量 7.91 t/a。

③经济开发区北区：2020 年 COD 排放量 121.81 t/a，氨氮排放量 17.90 t/a；2030 年 COD 排放量 137.92 t/a，氨氮排放量 19.61 t/a。

④九台经济开发区：2020 年 COD 排放量 133.35 t/a，氨氮排放量 22.67 t/a；2030 年 COD 排放量 110.61 t/a，氨氮排放量 19.08 t/a。

⑤长德经济开发区：2020 年 COD 排放量 1 212.76 t/a，氨氮排放量 168.91 t/a；2030 年 COD 排放量 500.75 t/a，氨氮排放量 75.68 t/a。

对比分析可知：在城镇生活污水和工业废水深度污染处理水平下，即使仅考虑兴隆综合保税区、东北亚国际物流园等省级开发区的污染排放，就已对干雾海河本区域河段的水环境改善和保护造成了较大的压力。

（5）永春河

区域内永春河流域水环境理论容量：COD 25.25 t/a、氨氮 0.67 t/a。污染来源涉及：长春高新技术产业开发区。

预测排污情况：2020 年 COD 排放量 0.00 t/a，氨氮排放量 0.00 t/a；2030 年 COD

排放量 0.00 t/a，氨氮排放量 0.00 t/a。

对比分析可知：根据规划要求，长春高新技术产业开发区废污水全部按再生水标准处理并回用，剩余再生水引入湿地，故长春高新技术产业开发区排污量可以忽略不计。在上游来水水质达到要求的情况下，永春河本河段可以承载相关开发强度。

11.5　大气环境承载状况评估

11.5.1　长春新区大气环境容量

与长春市整体相比，新区整体扩散能力中等。3 个开发区中，扩散能力由高到低依次是：北湖＞高新区＞空港。考虑各个片区建设用地规模，在国家空气质量二级标准条件下，评估长春新区理想状况下大气环境容量值，新区 SO_2、NO_x、PM_{10}、$PM_{2.5}$ 的环境容量分别约为 11 700 t/a、18 000 t/a、13 800 t/a 和 6 800 t/a。

表 11-11　新区理想状况环境容量

区域	2030 年面积/km^2			A 值	环境容量/（kg/a）			
	控制区	管辖区	建设用地		SO_2	NO_x	PM_{10}	$PM_{2.5}$
空港开发区			79	6.1	4 200	6 600	5 000	2 500
北湖开发区			87	6.3	4 900	7 500	5 700	2 800
高新区			48	6.2	2 600	4 000	3 100	1 500
小计	1154	499		——	11 700	18 000	13 800	6 800

11.5.2　规划情景下大气环境承载状况评估

在高排放情境下，2030 年新区和长春市污染排放均处于超载状态，其中新区

SO_2、NO_x、PM_{10}承载率为 318%、273%和 442%，长春市 SO_2、NO_x、PM_{10}承载率为 64.3%、130.0%和 115.7%。

在低排放情境下，2030 年新区和长春市污染排放均处于略有超载状态，其中新区 SO_2、NO_x、PM_{10}承载率为 65%、98%和 48%。

表 11-12　规划年新区主要污染物承载率

项目		污染排放量/（t/a）			承载率/%		
		SO_2	NO_x	PM_{10}	SO_2	NO_x	PM_{10}
2015 年		6 458	15 592	4 257	55	87	63
2030 年	高情景	37 218	49 089	30 076	318	273	442
	低情景	7 600	18 000	3 270	65	98	48
环境容量		11 700	18 000	6 800	—		

表 11-13　规划 2030 年长春新区各片区主要污染物承载率

项目	污染排放量/（t/a）			环境容量/（t/a）			承载率/%		
	SO_2	NO_x	PM_{10}	SO_2	NO_x	PM_{10}	SO_2	NO_x	PM_{10}
空港开发区	300	3 800	200	4 200	6 600	5 000	7	58	4
北湖开发区	2 800	7 800	1 800	4 900	7 500	5 700	57	104	32
高新区	4 500	6 400	1 300	2 600	4 000	3 100	173	160	42
新区合计	7 600	17 600	3 200	11 700	18 000	6 800	65	98	48

2030 年低排放情景下，长春市 SO_2、NO_x、PM_{10}的大气环境承载率分别为 41.1%、89.7%和 63.7%。受电厂排放影响，规划期末长春新区 NO_x仍可能处于超载状态，SO_2及颗粒物排放未超过容量。

表 11-14　规划年长春市主要污染物承载率

项目		污染排放量/（t/a）			承载率/%		
		SO_2	NO_x	PM_{10}	SO_2	NO_x	PM_{10}
2015 年		63 600	154 000	93 900	134.73	198.68	302.00
2030 年	高情景	30 354	101 307	35 974	64.3	130.7	115.7
	低情景	19 400	69 533	19 796	41.1	89.7	63.7
环境容量		47 200	77 500	31 100		—	

11.6　生态环境空间管控方案优化区域发展的应用探索

11.6.1　产业规模合理性

11.6.1.1　水环境承载角度

长春新区规划区范围内，空港经济开发区、北湖经济开发区和高新技术产业开发区虽然规划的城镇人口、经济产业规模较大，但由于规划设计了高标准的城镇污水处理工艺和再生水回用环节，新区生产生活的涉水污染负荷较轻，如能按照规划要求进行新区的建设开发活动，预测不会对新区范围内水体水环境质量改善造成负面影响。

长春新区控制区（1 154 km^2）范围内，规划的经开北区、九台经济开发区、兴隆综合保税区、东北亚国际物流园和长德经济开发区等省级开发区的污染排放，将对伊通河、雾开河和干雾海河带来较大环境压力，建议适当压缩人口规模和经济产业规模，或加严污水处理标准，加大再生水回用力度，以减轻水体污染负荷。

11.6.1.2 大气环境承载角度

规划2030年，食品加工和生物医药为新区发展的两个重点行业产值分别为1 500亿元和600亿元，考虑两个行业现在污染排放强度较高，特别是食品加工行业排放强度远高于其他行业，应作为规划期间大气污染排放控制的重点。根据规划，高新区布置有生物医药园区一个、北湖开发区布置生物医药和食品加工园区各一个、长德经济开发区布置食品产业园一个。

表 11-15 长春新区食品加工和生物医药规划情况

产业	核心内容	基本情况	产值/亿元		
			2015 年	2020 年	2030 年
现代农业	精优食品	精优食品产值 9.8 亿元，规上企业 5 户，规模较小	9.8	80	1 000
	都市农业	在长春已有所起步，但发展规模、发展水平不一	0	50	500
生物医药	生物制药	长春新区疫苗产业聚集规模居全国前列，长春市医疗器械产值约 25 亿元	70.79	100	400
	中成药			50	100
	医疗器械			30	100

鉴于现状长春新区食品产业规模较小等原因没有形成地方特色，精优食品产业产值达 9.8 亿元，规模以上工业企业 5 户，且主要位于长德经济开发区和北湖开发区内，虽然规划期间排放增加较快，但北部区域扩散能力较好、人口密度分散，对区域环境质量影响相对较小。

长春新区现状医药产业，特别是疫苗产业聚集规模居全国前列，医疗器械产值约25 亿元，规划期间规模的快速增加，特别生物疫苗、中成药、血液制品等主要位于高新南区内，对区域空气质量整体影响较大。一方面，建议对中成药和生物制药行业优先发展无污染的生产工艺，对涉及生产发酵、恶臭气体的生产环节尽量转移至其他区域进行生产，在新区内只进行相对较为清洁的工艺；另一方面，考虑整个产业全流程控制和环境容量留有一定余量的要求，建议对其总规模进行控制，规划期间生物制药 400 亿元，中成药 100 亿元，总计 500 亿元的产值的基础上压缩 20%，将产值控制在 400 亿元左右，如产业清洁化水平提高较快，对产业规模可进行适当增加。

11.6.2　用地结构合理性

新区土地资源优良，生态环境良好。在开发建设过程中，新区规划整体采取“集中式”开发模式，产业、生态、生活空间布局合理，体现了分区分级开发引导的生态保护策略，有利于区域生态环境保护。但新区内大部分开发区域为土壤条件较好的耕地或农田，建设开发占用较多的耕地及农田。部分区域，尤其是北湖的发展、空港东区的建设，将有可能对区域内生态空间维护造成一定压力。

目前，产业与人口发展主要集中在高新区。现状高新区（双德乡）发展已经相对完备，部分产业布局较为分散，大气、水污染排放压力已经较大。在未来发展中，应进一步加强区域的协调发展，不断优化功能布局，强化工业污染防治，不断提高土地的节约集约利用程度。规划北湖科技开发区承载着先进制造产业基地的功能要求，且空间布局相对集中。建议在项目开发建设中，把好产业准入关口，避免出现集中式污染的风险。

（1）长春空港经济开发区

空港经济开发区东区紧邻饮马河东岸，园区西北部区域与饮马河生态防护绿地紧邻。饮马河支流两侧规划有防护绿地，可结合工业、居住、仓储等用地的隔离带，建议预留足够的防护距离；东部组团位于庙香山南麓，建议加强庙香山、大黑山脉生态用地保护。

空港经济开发区西区位于石头口门水库水源二级保护区下游，东湖镇以及机场南部的配套设施用地，建议预留足够的防护绿地，以减少对水源地的影响。对河流和道路两侧的重要防护林实施严格保护，禁止开发建设活动；河流缓冲区及道路防护林地的周边地区，工业废水不得向其中排放。

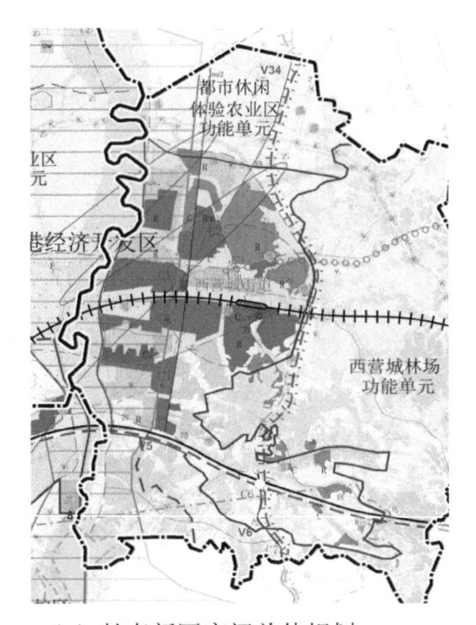

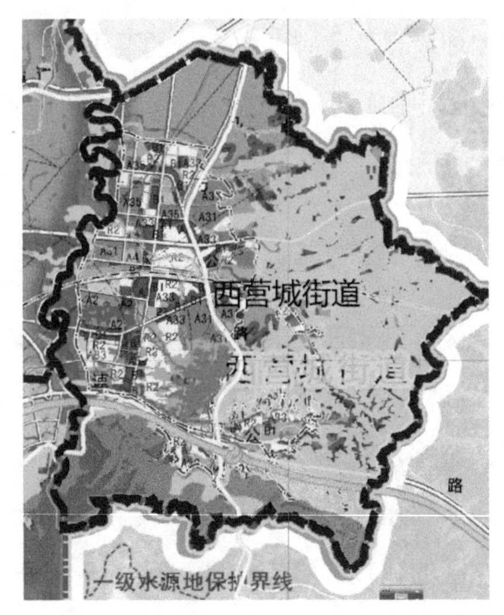

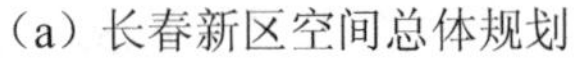
（a）长春新区空间总体规划　　（b）生态环境分级管控图叠合土地利用规划

图 11-18　空港经济开发区东区生态环境协调性分析

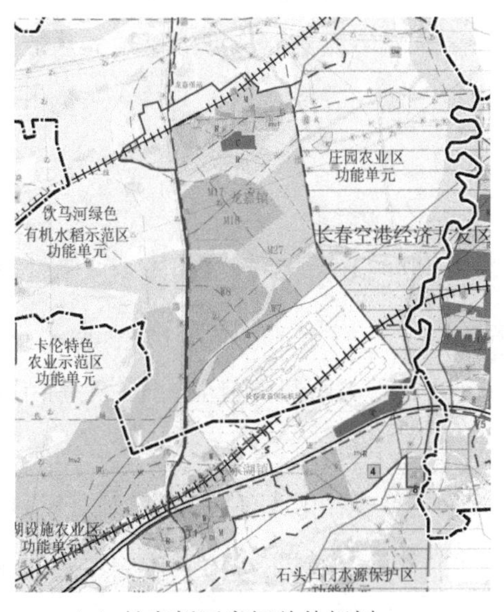

（a）长春新区空间总体规划　　（b）生态环境分级管控图叠合土地利用规划

图 11-19　空港经济开发区西区生态环境协调性分析

（2）北湖经济开发区

北湖湿地公园是园区内重要的生态敏感点。北湖科技园依北湖湿地公园而建，建议规划实施过程中合理控制湿地周边建设强度，进一步明确北湖湿地公园的湿地恢复区、生态保育区等保护范围，结合湿地保护工作形成良好的生态景观。

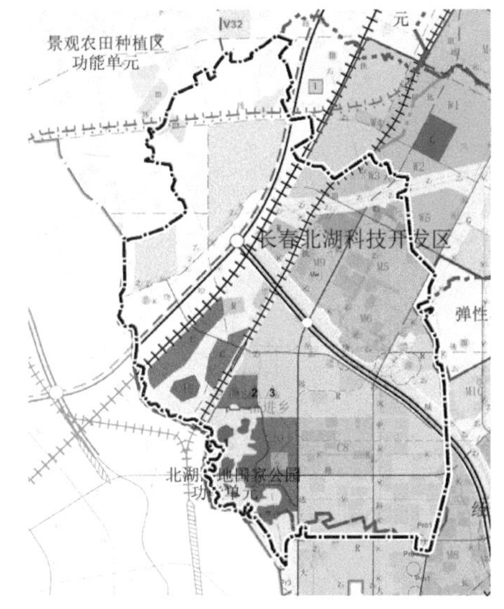

（a）新区空间总体规划

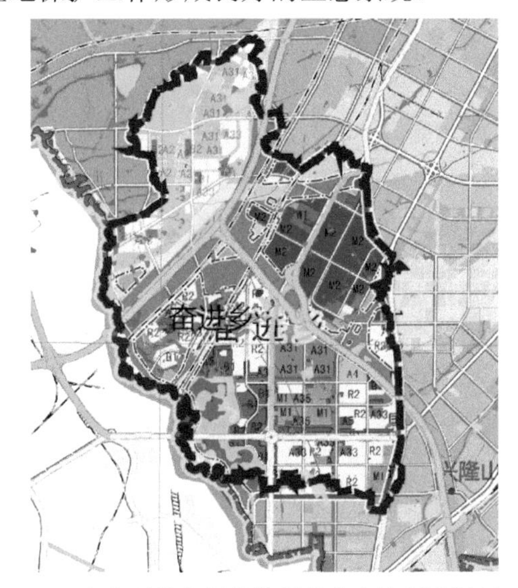

（b）生态环境分级管控图叠合土地利用规划

图 11-20　北湖科技开发区生态环境协调性分析

（3）高新经济开发区

高新区范围内除八一水库、永春河等生态敏感点外，无其他重要生态敏感区。建议规划实施过程中，结合规划用地方案，保护好城市公园、道路防护绿地、街头公园的生态用地，提高城市生态系统的连通性，形成良好的城市生态景观。对于对环境影响较大的汽车产业园区，建议适当增加工业用地与周边居住用地的防护距离。

（4）长德经济开发区

区内重点开发建设区域基本不涉及生态敏感点，重点开发区域外部有一小型水库，需强化保护。园区内的干雾海河是重要的生态资源，河流下游的区域规划用地类型主要为防护绿地，但其中规划有少许商业用地、娱乐用地等类型，且紧邻干雾海河。

建议进一步明确干雾海河的河道防护距离，减少商业、娱乐等用地规模。园区内除沿道路布局有带状的生态绿地外，在园区东部的居住与工业用地中间缺少足够的防护绿地，建议适当在东部片区规划大型城市绿地，构建点、线、面相结合的绿地体系。

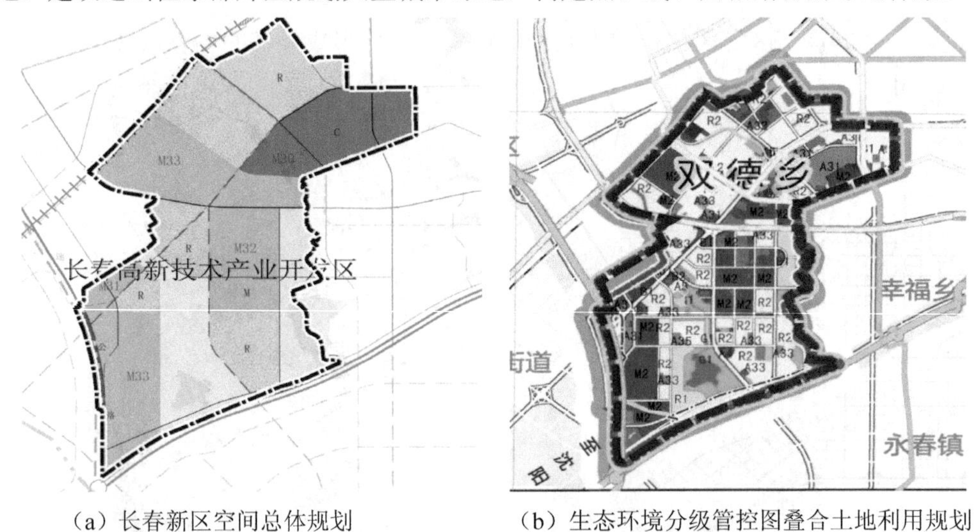

（a）长春新区空间总体规划　　（b）生态环境分级管控图叠合土地利用规划

图 11-21　高新技术产业开发区生态环境协调性分析

（a）长春新区空间总体规划　　（b）生态空间叠合土地利用规划

图 11-22　长德经济开发区生态环境分析

11.7　基于生态环境空间管控的区域优化发展战略指引

11.7.1　把握各区生态环境保护战略与重点方向

（1）空港经济开发区

严格工业产业准入。禁止引入线路板制造等高耗水量、高污染的制造业企业，针对电子元器件、传感器、光电识别、存储器芯片、CPU 等制造行业，制定清洁生产标准，减少污染排放，对其中涉重企业开展强制清洁生产审计，降低水体重金属污染风险。

加强水污染处理能力建设。空港经济开发区主要以高端服务业为发展方向，城镇生活源污染较重，水环境重点污染控制指标为氨氮。主要控制手段包括加大开发区城镇生活污水收集和处理力度，重点提升城镇生活污水氨氮去除效率，加强对集成电路行业含氨废水治理设施监管，保证稳定达标后排放至城镇污水处理设施进行深度处理。

提升大气环境质量。空港经济开发区东区自身大气污染排放较低，距离其他工业组团距离较远，受区域间污染传输较小。建议对空气质量提出更高的要求，2020 年之前有效开展 $PM_{2.5}$ 浓度监测，2025 年 $PM_{2.5}$ 年均浓度达到二级标准要求，并同步控制臭氧浓度，2030 年空气质量稳定降至二级标准以下。

突出大气重点污染物控制。空港经济开发区西区规划期间大气环境主要控制因子为氮氧化物和挥发性有机物，2020 年筛选核查区域重点挥发性有机物排放清单，2030 年将挥发性有机物纳入总量控制要求。制订机场大气环境监测计划，将机场大气污染防治纳入大气污染防控体系，并根据运行监测情况开展后续飞机尾气环境影响专题研究，适时开展机场地面车辆、机械设备的清洁化改造。限制社会生活挥发性有机物排放。对油库、机场及相关配套设施、机场工作车辆、车站、加油站挥发性有机物开展全方位监管，加强加油站油库的挥发性有机物防控，通过制定挥发性有机物排放清单，扩大挥发性有机物排污收费范围，实现对挥发性有机物行业的全覆盖监管。

（2）北湖经济开发区

合理控制开发强度。合理控制湿地周边建设强度，进一步明确北湖湿地公园的湿地恢复区、生态保育区等保护范围，结合湿地保护工作形成良好的生态景观。

合理控制医药产业、精优食品加工行业的发展规模。城市建设开发过程中，加快提升北部污水处理厂收集处理能力和效率。建议提高工业用水价格，制定更高标准的工业重复用水率指标，促进光电子及新能源汽车研发制造企业加大生产废水回用力度，减少废水外排。

加强重点行业产业准入要求。区内食品和医药两个行业排放大气污染物、厌恶性气体可能对下风向居住区产生较大的影响，建议对食品和汽车两个行业采取更加严格的控制措施，主要进行后端精细加工和包装等后端工艺。提高区内新建项目锅炉排放标准要求，保证尾气达标排放。建议生物医药产业园以小试、中试的研发类型企业为主，或引进废水可生化降解程度较高的生物医药企业。

（3）高新技术产业开发区

积极调整产业发展定位。永春河水环境理论容量小，城镇居民、大学密集，环境敏感度高。建议远期将生物医药不作为主导产业发展方向，推荐将相关生物医药研发等高端服务业作为产业定位。

严格工业产业准入要求。高新区现状人口密度已经较大，环境敏感度较高，对涉及的汽车产业、光电信息、生物医药等产业，应强化产业准入，提高生物医药行业废气排放标准，禁止涉及恶臭、气味、污染物浓度未能达标排放的生产工艺，设置汽车喷涂挥发性有机物控制标准要求，提高汽车及其零部件的产业集成和清洁生产。与周边汽车产业开发区加强配合，协同发展，提高产业的集成度，降低产品的运输距离，将设计污染的重点工艺环节采取集中生产、集中收集、集中治理的方式，提高产业发展的经济效益和环境效益。

加强城市生态环境保护。保护好城市公园、道路防护绿地、街头公园的生态用地，提高城市生态系统的连通性，形成良好的城市生态景观。

提升污水收集与处理能力建设。加强区内城镇生活污水收集处理水平，并合理设置处理后排水去向，提高再生水回用水平，降低污染负荷。

严格新增污染排放控制。重点提高汽车产业、生物医药污染控制要求，根据区域环境容量的要求，控制污染物排放总量。

（4）长德经济开发区

加快工业企业整治。治理整顿长春市卡伦镇、奋进乡区域内小散乱污企业，加强城镇污水收集和处理设施建设，尽力确保雾开河、干雾海河上游来水水质达到水功能区划要求。重点解决卡伦湖上游水体氟化物严重超标问题，避免对区域内城乡居民身体健康造成不利影响。

强化污水处理设置建设与提标改造。禁止本地企业从雾开河、干雾海河取水，保障河道生态径流。提高工业用水价格，制定更高标准的工业重复用水率指标，促进航空设备制造业加大生产废水回用力度，减少废水外排。

加强食品行业大气污染防治。干雾海河水环境理论容量较小，建议限制精优食品加工等行业发展，禁止高耗水、高污染排放的食品原料加工或初级加工企业进入。现状长春市食品制造业基本未进行大气污染治理，规划期间食品制造业将成为长德大气污染的主要来源，规划期间需采取重点控制措施。通过“入园入区”开展食品制造行业污染排放集中化治理，同时对企业用热、用能考虑由园区统一供应，降低现有生产工艺下单个企业排放。SO_2、NO_2和 PM_{10} 3 项污染物的去除效率需要分别达到 90%、70%和 95%。同时对食品制造行业的空间布局进行优化，降低食品制造过程中污染排放对周边住宅、办公人群的影响。

开展大气污染协同控制。规划期间，在朝阳区、南关区、二道区同步开展大气污染防控，针对电厂、供热锅炉等污染排放量大、影响范围广的重点企业，周边区域同步实行新区内污染控制标准要求。

11.7.2 强化生态环境空间管控

11.7.2.1 加强生态空间管控

考虑对重点、连片生态空间进行保护，建立长春新区生态环境空间管控体系。建议将饮马河、伊通河、干雾海河、雾开河等主干河流，北湖、卡伦湖及外围区域，大黑山余脉大型生境斑块、石头口门水库二级保护区、九台湿地及生态系统评价确定的较重要、敏感区域，纳入重点生态空间。重点生态空间占新区控制区的 14.2%，在新区规划区范围内占 17.6%。基于图论方法评价识别的生态空间为一般生态空间（不计重复），面积 22.7 km^2，占新区规划区总用地的 4.5%。

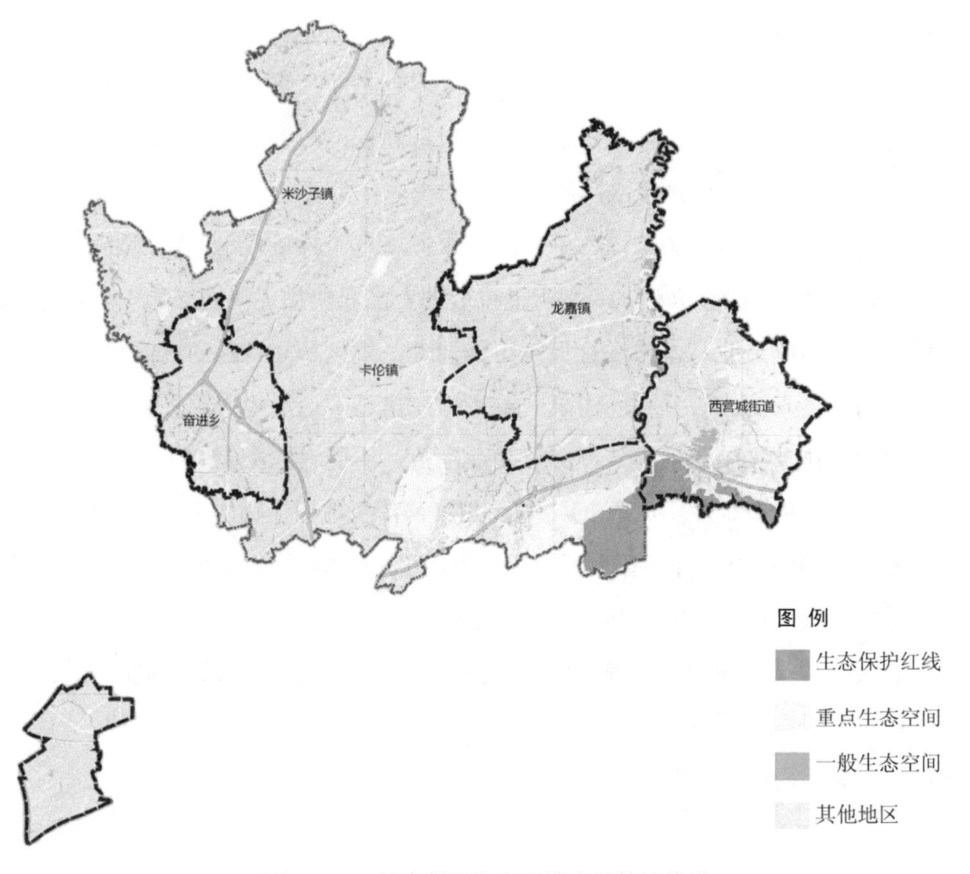

图 11-23 长春新区生态环境空间管控体系

表 11-16　生态环境管控分级建议方案

分类	新区控制区范围		新区规划区范围	
	面积/km^2	比例/%	面积/km^2	比例/%
生态保护红线	33.7	2.9	14.8	3.0
重点生态空间	163.7	14.2	87.9	17.6
一般生态空间	41.5	3.6	22.7	4.5
合计	221.9	19.2	115.1	23.1

11.7.2.2　加强水环境空间管控

长春新区控制区范围内，识别水环境维护重点区域如下。

（1）水环境质量核心管控区包括水环境控制单元 1 个，为石头口门水库城镇集中式饮用水水源地一级保护区，面积 6.45 km^2。

（2）水环境质量重点管控区包含水环境控制单元 8 个，分别为石头口门水库城镇集中式饮用水水源地二级保护区和汇水区、干雾海河源头水保护区、雾开河源头水保护区和饮马河重要支流（放牛沟、西营城河、三合屯河、赵家屯河）源头水保护区，面积 294.13 km^2。

长春新区规划区范围内，识别水环境维护重点区域如下。

（1）水环境质量核心管控区包括水环境控制单元 1 个，为石头口门水库城镇集中式饮用水水源地一级保护区，面积 0.56 km^2。

（2）水环境质量重点管控区包含水环境控制单元 8 个，分别为石头口门水库城镇集中式饮用水水源地二级保护区和汇水区、饮马河支流（放牛沟、西营城河、三合屯河、赵家屯河）源头水保护区，面积 123.12 km^2。

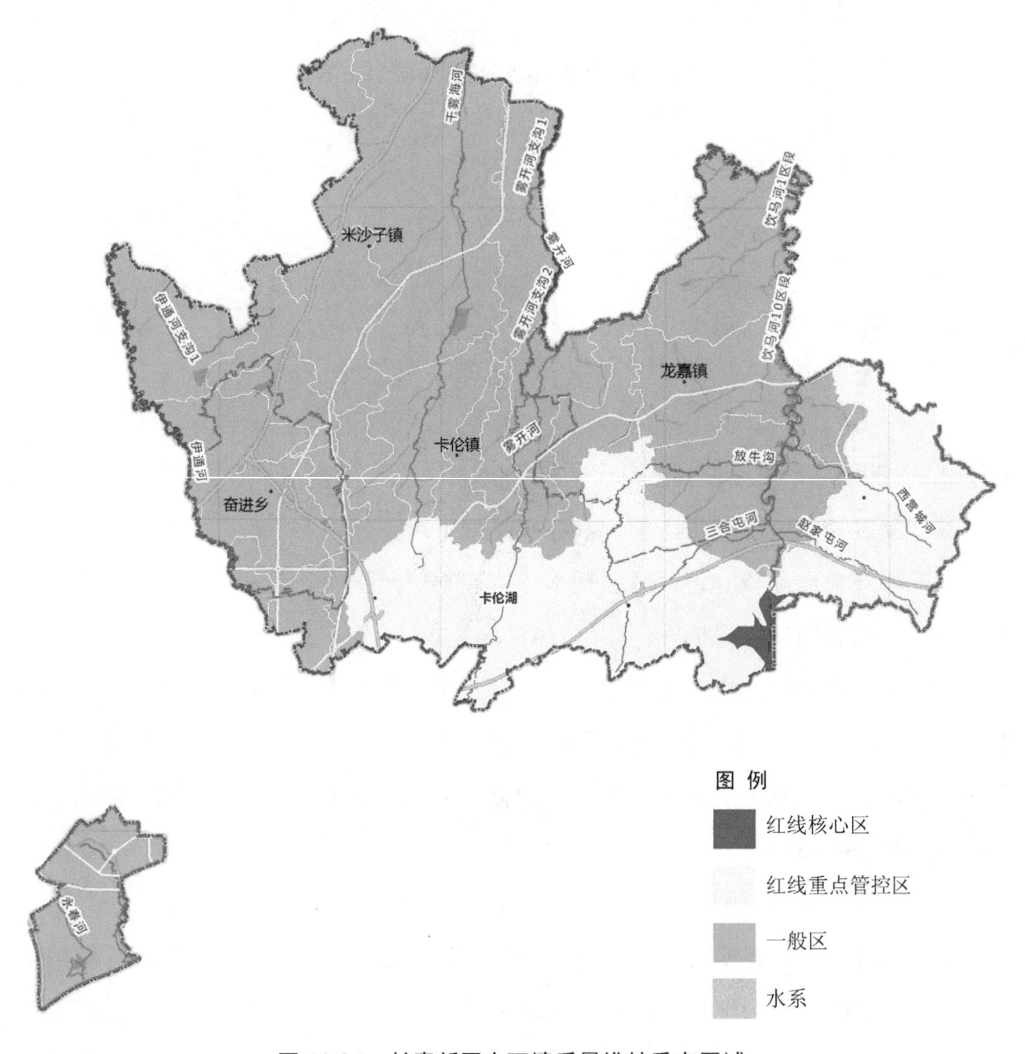

图 11-24 长春新区水环境质量维护重点区域

11.7.2.3 加强大气环境空间管控

规划划定了大气重点管控区，将高新区划为人口密集区、北湖开发区南部和空港东区部分区域划入布局敏感性重点管控区。在对新区区域大气环境要素做更详细分析的基础上，现状人口密集区主要集中于高新区北部和北湖开发区南部，空港东区、高新区北部为规划期间的人口密集区；高新区全部、北湖开发区西南部和空港区中部都处于布局敏感区范围内；空港区最东侧临近大黑山山脉处在部分时段扩散能力较弱，建议将上述区域也纳入大气环境维护重点区。

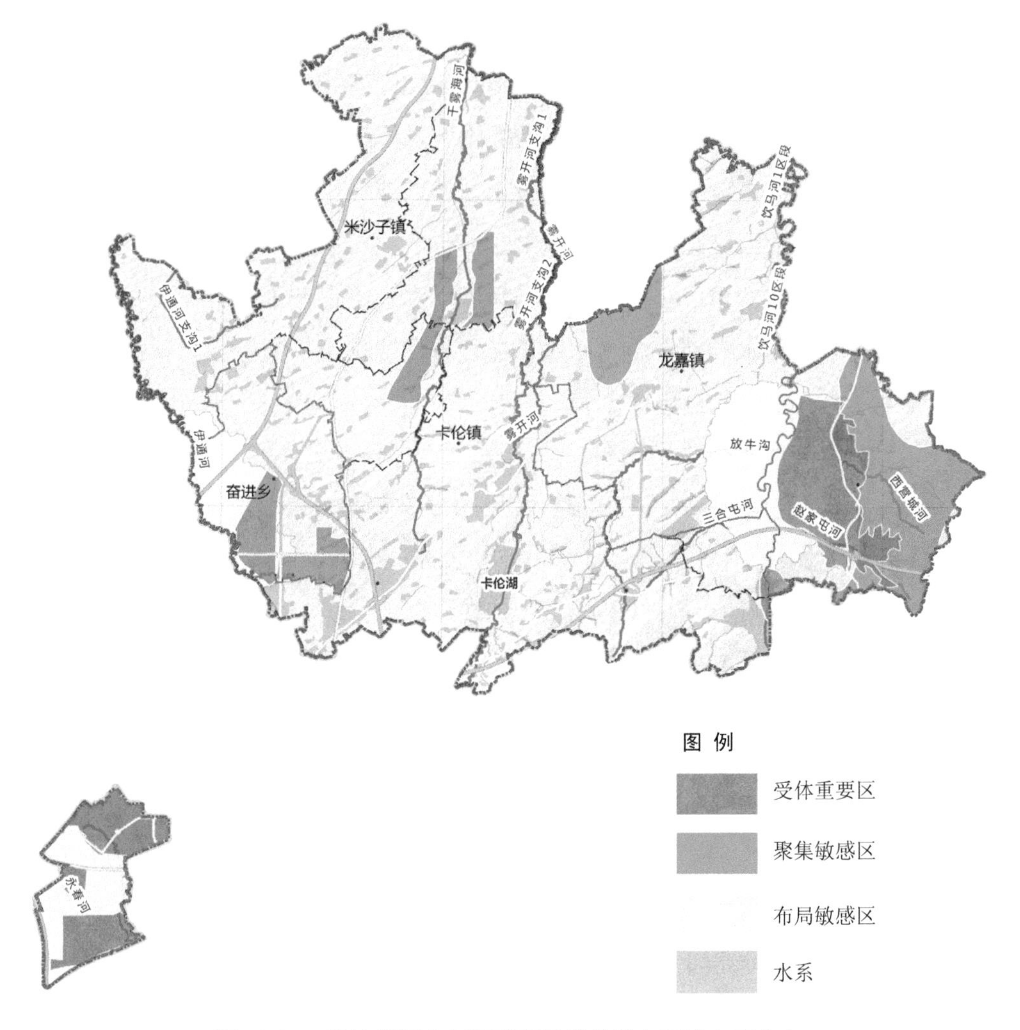

图 11-25　建议新区大气环境质量维护重点区域空间分布

综合以上因素，大气环境维护重点管控区包括大气功能重要区、布局敏感区和聚集脆弱区 3 种类型总面积约 263.7 km^2，占长春新区总面积的 52.8%，根据敏感类型的不同，不同区域采取差异化的空间准入和负面清单要求。

11.7.3 严格环境质量底线管理

11.7.3.1 严格水环境质量底线管理

到2020年，新区在上游来水水质达标的情况下，各流域基本消灭劣Ⅴ类水体。城市集中式饮用水水源水质达到或优于Ⅲ类比例总体高于95%。到2030年，新区各流域全部消灭劣Ⅴ类水体，饮马河新区段水质达到或优于Ⅲ类；城市集中式饮用水水源水质达到或优于Ⅲ类比例总体达到100%。

新区范围外水质要求：小南河入饮马河河口水质不得低于Ⅳ类标准，伊通河、干雾海河、雾开河和永春河上游来水水质必须达到或优于Ⅴ类标准。长春新区区域内各河段水环境质量底线目标详见表11-17。

表11-17 长春新区水环境质量底线目标

序号	河流	起始断面	终止断面	底线目标
1	饮马河	石头口门水库库尾	石头口门水库坝址	Ⅱ～Ⅲ
2	饮马河[①]	石头口门水库坝址	雾开河河口前	Ⅲ（Ⅳ）
3	伊通河	四化桥	万金塔公路桥	Ⅴ
4	永春河[②]	八一水库出水口	出新区处	Ⅴ
5	雾开河	三道镇	卡伦湖水库坝址	Ⅴ（Ⅲ）[③]
6	干雾海河	源头	河口	Ⅴ（Ⅳ）[③]

注：①下游小南河由于承接九台老城区废水，视情况在小南河入口至下游部分河段设置为混合区，水质目标暂定为Ⅳ类。

②永春河水环境底线目标由其汇入所对应的新凯河干流河段水质目标确定。

③近年来，随着长春市主城区外扩，雾开河、干雾海河逐渐成为市区郊区，水环境污染严重（劣Ⅴ类），水质改善难度大，底线目标暂定为Ⅴ类。

11.7.3.2 严格大气环境质量底线管理

到2030年，各项指标满足《环境空气质量标准》（GB 3095—2012）要求，其中常规污染物 SO_2、NO_2、可吸入颗粒物低于二级标准要求，细颗粒物浓度稳定到

35 μg/m^3，臭氧、恶臭性气体等影响人群健康的有毒有害物质处于合理阈值范围以内；空港 $PM_{2.5}$ 浓度降至 35 μg/m^3 以下，空气质量优良率大幅提高，基本重污染天气消除，无有毒有害、有异味等影响人民群众身体健康的现象发生。

长春新区与长春市相互影响传输特征明显，若要保证新区空气质量达标，需要保证规划期末长春市空气质量同步大幅改善。2020 年长春市大气质量目标设置为 SO_2、NO_2 稳定达标，PM_{10} 年均浓度降至 85 μg/m^3，$PM_{2.5}$ 浓度控制在 52 μg/m^3 左右。2030 年长春市 $PM_{2.5}$ 浓度降至 35μg/m^3，常规大气质量指标全部达标。

表 11-18　长春新区大气环境质量底线目标　　单位：μg/m^3

项目		$PM_{2.5}$	PM_{10}	SO_2	NO_2	CO	O_3
2015 年		66	107	36	45	1 800	151
2016 年		46	78	28	40	1 600	141
2020 年	长春市	52	70	稳定达标		＜1 800	＜160
	长春新区	50	70				
2030 年	长春市	35	60			＜1 800	＜160
	长春新区	35	60			＜1 800	＜160

11.7.4　加强污染物排放总量控制

11.7.4.1　加强水环境污染物排放总量控制

长春新区各重点开发区水环境主要污染排放总量限值建议见表 11-19。

总体来说，基于长春新区及下游水体的水质维护，规划实施与建设过程中，需解决以下几个问题。

（1）长春新区内氨氮水环境理论容量有限，建议优化区域内城镇和工业废水处理设施的氨氮去除工艺，提升氨氮去除效率。

（2）区域内氨氮、总磷等污染排放较大，需要自然或人工湿地（伊通河、饮马河流域湿地资源均较为丰富）进行吸纳，在设计城镇污水处理能力时，应综合考虑附近自然或人工湿地处理能力，合理设计处理规模。

表 11-19　长春新区重点开发区污水排放总量限制建议　　单位：t/a

地区	COD	氨氮
长春空港经济开发区	175.13	4.67
长春北湖科技开发区	347.93	9.27
长春高新技术产业开发区	25.25	0.67
长德经济开发区①	113.09	3.00

注：①此行排放总量包括长德经济开发区、九台经济开发区和东北亚国际物流园等位于雾开河、干雾海河等省级开发区的排放。

就各开发区而言，具体规划调整和未来开发区排放总量及相关产业控制建议如下。

（1）长春空港经济开发区

排水去向大致为饮马河干流（小南河汇入前）、放牛沟、西营城河、赵家屯河、三合屯河等几条河流。

规划明确要求“2020 年空港经济开发区退水不外排”，城镇生活污染源未来排放忽略不计，而工业污染排放主要以电子元器件、传感器、光电识别、存储器芯片、CPU、模拟 IC（模拟电路）等制造行业污水排放为主，如严格按照“退水不外排”的要求，工业污染排放也可忽略不计。但考虑到以上规划行业废水存在重金属污染、废水可生化降解程度弱于城镇生活污水，故在空港几个污水处理设施的后续设计上应针对性地明确污水处理工艺，禁止引入线路板制造等高耗水量、高污染的制造业企业。加强相关污水管网设计保障工业废水经企业初步处理后全部排入城镇污水处理设施，以确保工业污水全收集全处理，并加强环保监管，杜绝企业偷排漏排。

（2）长春北湖科技开发区

主要排水去向为伊通河，其主要污染来源为城镇生活排放和工业源排放。

规划明确要求“城镇生活污水经处理后排入北湖湿地进一步处理，达到V类标准后排放”，可视为城镇生活污染源未来排放忽略不计。但在工业废水（生物医药行业、光电智能产业和高端装备产业）中，由于生物医药行业废水可生化降解程度一般弱于城镇生活污水，建议生物医药产业园以小试、中试的研发类型企业为主，或引进废水可生化降解程度较高的生物医药企业，且处理后的废水视标准纳入城镇生活污水处理设施或排入北湖湿地进行进一步处理，不得直接外排入下游河道。

（3）长春高新技术产业开发区

主要排水去向为永春河。规划明确要求“2020年长春高新技术产业开发区废污水全部按再生水标准处理并回用，剩余再生水引入湿地”，故污染排放可忽略不计。但再生水标准涉及城建、水利部门多个标准，部分再生水水质标准难以达到地表水V类标准，建议应对剩余再生水引入湿地的湿地空间范围及空间位置进一步明确，湿地出水水质标准应明确达到（接近）地表水V类标准。

（4）长德经济开发区

主要排水去向为干雾海河、雾开河。该开发区规划城镇人口规模巨大（2020年为15万人，2030年为40万人），第二产业产值规划2030年将达到2 800亿元，且以食品产业为主，排污量较大。需要在长春新区控制区范围内的下一步规划时，结合食品加工行业废水可生化处理程度高的特点，对城镇污水处理（含工业废水）工艺给予重点设计，并考虑新增人工湿地面积，减少雾开河及其干流饮马河的污染负荷。

11.7.4.2 加强大气环境污染物排放总量控制

建议新区 SO_2、NO_x、PM_{10}、$PM_{2.5}$ 的主要污染物总量分别控制在 11 700 t/a、18 000 t/a、13 800 t/a 和 6 800 t/a。建议2030年长春市 SO_2、NO_2、PM_{10}、VOCs 等污染排放量分别较现状降低 69%、54%、77%和 27%，排放量分别降至 19 400 t、69 500 t、19 800 t 和 66 900 t。

空港经济开发区 SO_2、NO_x、PM_{10}、$PM_{2.5}$ 的污染排放分别控制在各自的环境容量的 4 200 t/a、6 600 t/a、5 000 t/a 以内。近期污染排放主要来源于工地建设导致的扬尘；远期污染主要来源于机场以及相关车辆排放。

北湖科技开发区 SO_2、NO_x、PM_{10}、$PM_{2.5}$ 的污染排放分别控制在各自的环境容量的 4 900 t/a、7 500 t/a、5 700 t/a 和 2 800 t/a 以内。规划期颗粒物存在一定超标风险。考虑北湖科技开发区以机械制造、物流为主的发展定位，区内汽车、机械、食品加工产业发展较快，汽车产业喷涂 VOCs 排放强度较大，对交通废气、挥发性有机物同步开展污染总量控制，对泄漏工艺环节开展重点控制。

长春高新区 SO_2、NO_x、PM_{10}、$PM_{2.5}$ 的污染排放分别控制在各自的环境容量的 2 600 t/a、4 000 t/a、3 100 t/a 和 1 500 t/a 以内。区内现状污染排放已较高，同时周边区域污染排放强度也处于较高水平，规划 2020 年需大幅降低现有污染排放；2030 年污染排放虽然较大概率高于本地环境容量，但是考虑高新区处于城区的上风向，其污染排放对城区影响大于城区对高新区的影响，应与周边区域开展污染协同控制，保证在区域空气质量达标的情况下尽量将排放量控制在环境容量以内。

11.7.5 强化环境准入管理

11.7.5.1 生态保护红线与生态空间准入要求

生态保护红线内，实施最严格的管控措施，禁止一切形式的开发建设活动；饮用水水源地保护区等法定保护区，还应按照相关保护管理法律和规章制度，实施进一步管理；区域内积极实施人口退出政策，现有工业企业、规模化畜禽养殖场要逐步减少规模，降低污染物排放量，逐步退出，场地实施生态恢复；落实生态补偿等政策，加大国家财政转移支付力度，促进生态移民就近城镇化。

生态空间内，以生态保护为重点，实施差别化的管控措施，避免大规模开发，对进入企业和开展活动进行严格筛选，开发活动不得影响主导生态环境服务功能；湿地公园、饮用水水源地保护区等法定保护区，按照相关保护管理法律和规章制度，实施严格管理；区内现有村庄实施污水与垃圾无害化处理。

表 11-20　长春新区生态保护红线与重点生态空间准入清单

政策属性	类别	按环境影响程度分类		
		☆☆☆	☆☆	☆
		生态保护红线	重点生态空间	
		完全禁止	有条件允许	
强制性政策	资源开发	采矿、探矿（含地热、矿泉水）	水电、风电	挖沙、开山采石、开（围）垦、砍伐、抚育类更新
	项目建设	一类、二类、三类工业项目、排污口	仓储、商业、居住等经营性项目	村镇设施改善、文物保护
	线性基础设施	公路、铁路	输油、输气等各类管道	电力、通信
兼容性政策	公益性基础设施	垃圾处理设施（危废处理设施、填埋场、焚烧场）	污水处理厂、发电厂等	军事设施等
	农业生产经营活动	畜禽养殖（小）区	农垦种植、化肥农药使用	网箱养殖、农业设施
	旅游开发	宾馆、招待所、培训中心、疗养院等	旅游度假区	娱乐设施、旅游设施
	保护区	湿地公园、地质公园、森林公园、矿山公园等	风景名胜区	自然保护（小）区

注：☆为相关建设对生态、环境的影响程度，☆越多表示该项目建设对生态环境影响较大，生态环境保护要求也相应较高。

11.7.5.2　水环境重点管控区准入要求

根据长春新区水环境维护重要性与承载状况，对水环境质量维护重点区域制定准入与管控要求。新区其他区域，应以水环境理论容量和国内清洁生产先进水平为重要评判依据，有序开展社会经济开发活动。

表 11-21 长春新区水环境空间准入及管控要求

水环境质量维护重点区域	准入及管控要求
石头口门水库城镇集中式饮用水水源地一级保护区	禁止在饮用水水源一级保护区内新建、改建、扩建与供水设施和保护水源无关的建设项目；已建成的与供水设施和保护水源无关的建设项目，由县级以上人民政府责令拆除或者关闭
石头口门水库城镇集中式饮用水水源地二级保护区	禁止在饮用水水源二级保护区内新建、改建、扩建排放污染物的建设项目，已建成的排放污染物的建设项目，由县级以上人民政府责令拆除或者关闭
石头口门水库城镇集中式饮用水水源地汇水区	禁止在区域内新建有色金属、皮革制品、石油煤炭、化工医药、铅蓄电池制造、电镀以及其他排放有毒有害污染物的项目，尽快关闭或搬迁区域内的已有项目；禁止新建高耗水和重污染企业；禁止建设城市垃圾、粪便和易溶、有毒有害废弃物的堆放场站；不得使用不符合《农田灌溉水质标准》的污水进行灌溉，合理使用化肥
干雾海河源头水保护区、雾开河源头水保护区和饮马河重要支流（放牛沟、西营城河、三合屯河、赵家屯河）源头水保护区	禁止在区域内新建有色金属、皮革制品、石油煤炭、化工医药、铅蓄电池制造、电镀以及其他排放有毒有害污染物的项目，尽快关闭或搬迁区域内的已有项目；禁止河道取水；现状水质保持较好的管控区（水质III类以上）原则上不得新增水体污染物排放，现状水质劣于III类的管控区应尽快减产、搬迁现有排放水体污染物的工业企业。不得新建规模化畜禽养殖场，逐步关闭或搬迁现有规模化畜禽养殖场规模

11.7.5.3 大气环境重点管控区准入要求

根据长春新区大气环境维护重要性与承载状况，对大气环境质量维护重点区域制定准入与管控要求。新区其他区域，除贯彻实施不同时限的区域性大气污染物综合排放标准外，按照各级要求开展污染物和锅炉淘汰工作，严格执行污染物总量控制制度，对现有涉废气企业加强监督管理，定期开展清洁生产审核，推动各类产业园区集约高效发展。

表 11-22 长春新区大气环境空间准入及管控要求

大气环境质量维护重点区域	准入及管控要求
空港东区建设区 空港东、西区交叉的饮马河两岸区域	禁止新建燃煤锅炉，禁止布设污染型工业，优先利用污水源、地热、天然气等清洁能源，现有锅炉 2020 年前进行超洁净改造；将龙嘉机场纳入大气污染防控计划，对机场油库、地面工作机械车辆实施清洁油品改造
大黑山山脚区域，石门头口水库与大黑山相交区域	以生态保护为主，禁止开展进行工业开发建设，区内农村地区依托空港新区，优先供应液化石油气、天然气等清洁能源，普及优质燃煤，禁止烧烧秸秆、薪柴、劣质燃煤
北部现在居民区和南部规划居民区 高新区西南部	对区内火电实施超低排放，供热锅炉进行超洁净改造；生物医药行业禁止新建涉及初级发酵的工艺，淘汰现有涉及异味的工艺，并在周边区域开展异味监测预警；加强与汽车区在汽车行业的协作，对涉及 VOCs、粉尘工艺的集中布设、开展重点控制
北湖湿地及周边区域 北湖湿地公园至环城高速之间区域	北湖湿地及周边区域禁止建设涉及初级食品加工、生物医药相关行业；区内汽车、机械产业泄漏工艺环节开展重点控制；提高区内新建项目锅炉排放标准要求，保证尾气达标排放；发展绿色物流控制移动源废气排放，物流园区内部、车间推广以电力和清洁能源为主的汽车和机械，2020 年和 2030 年园区内作业车辆新能源比例达到 10%和 30%以上

11.7.5.4 行业准入正负面清单

工业项目应符合产业政策，不得采用国家、省和本市淘汰的或禁止使用的工艺、技术和设备，不得建设生产工艺或污染防治技术不成熟的项目；限制列入环境保护综合名录（2015 年版）的高污染、高环境风险产品的生产。结合规划产业类型，提出以下建议。

（1）鼓励类

A. 电子信息技术：大数据、云计算、物联网、高性能计算、“互联网+”制造业，高可信软件、网络与信息安全技术及应用，多功能智能终端机应用、智能感知与交互技术及应用，安全预警与信息传递技术，数字文化、数字教育、数字生活、数字服务等关键技术。

B．先进装备制造：绿色制造、智能制造、监测技术及装备，工程机械、新型加工工艺，轨道车辆关键零部件制造新技术，智能交通技术。

C．汽车产业：纯电、插电式混合动力能源汽车，高端消防车、小车、房车等特种专用车，互联网智能汽车；汽车电子生产，动力系统、车载信息系统研发，先进汽车零部件关键技术及应用。

D．新能源汽车：高效内燃机、高效自动变速器、轻量化材料和混合动力等先进技术研发与应用；动力电池、驱动电机、整车控制、燃料电池等核心部件研发及应用；车载光学、车载雷达、高精定位、集成控制等系统的研发及应用。

E．光电技术：光电子、激光加工、显示与照明、微波光子、微电子、传感、电力电子、新型可续仪器仪表、低空探测与导航、光电监测与控制、“3D”打印技术及应用、微电子设备、现代光学控制技术，高精度光电分析检测仪研发和应用。

F．生物医药：基因工程新药研发，疫苗创制，生物诊断试剂研制，生物育种，现代中药，发展抗体药物、抗体偶联药物、全新结构蛋白及多肽药物、多联多价新型疫苗等现代生物医药。

G．生产性服务业：现代物流、金融服务、研发设计、信息技术服务、节能环保服务、检验检测认证、电子商务、商务咨询、服务外包、售后服务、人力资源服务和品牌建设、农业服务。

H．生活性服务业：旅游服务、养老服务、健康服务、文化服务、房地产服务、会展服务、批发零售服务、住宿餐饮服务、家庭服务、体育服务、法律服务、教育培训服务。

I．文化产业：数字媒体，包括数字出版、数字动漫、数字影音、网络游戏，广告设计、广告制作、广告发布、广告代理及其他与广告产业相关联的创意、设计、制作、中介，其他工业设计、建筑景观设计等创意设计产业，文化传播、影视传媒等。

（2）限制类

《产业结构调整指导目录》（2011 年本，2013 年修正）、《外商投资产业指导目录》

（2014 年修订）及其他现行的政策中限制类项目。

（3）禁止类

《产业结构调整指导目录》（2011 年本，2013 年修正）、《外商投资产业指导目录》（2014 年修订）及其他现行的政策中部分限制类项目以及其中规定的禁止类均属于本规划区的规划建设禁止类行列中。

A．光电信息：禁止引入纯电镀加工类项目。

B．机械装备制造：禁止引进制造过程中含有电镀等金属表面处理的机械装备制造行业。

C．生物医药：禁止农药项目，禁止病毒疫苗类、禁止建设使用传染性或潜在传染性材料的实验室及项目、禁止进行手工胶囊填充工艺、软木塞烫蜡包装药品工艺等《产业结构调整指导目录》（2011 年本，2013 年修正）中淘汰及限制的工序。

D．制造业：禁止引进《产业结构调整指导目录》（2011 年本，2013 年修正）和《外商投资产业指导目录》（2014 年修订）中限制类、禁止类（或淘汰类）项目。

E．其他：禁止引进采掘、冶金、大中型机械制造（特指含磷化涂装，喷漆喷塑、电镀等表面处理工艺）、化工、造纸、制革等 3 类工业；禁止引进污染严重的太阳能光伏产业上游企业（单晶、多晶硅棒生产及单晶、多晶硅电池片生产等）；禁止引进稀土材料等污染严重的新材料行业；禁止引进《产业结构调整指导目录》（2011 年本，2013 年修正）、《外商投资产业指导目录》（2014 年修订）及其他现行的政策中禁止类或淘汰类项目。

11.7.5.5　工业产业准入要求

工业项目排放污染物必须达到国家和地方规定的污染物排放标准，新建企业生产技术和工艺、水耗能耗物耗、产排污情况及环境管理等方面应达到国内先进水平（有清洁生产标准的不得低于国内清洁生产先进水平，有国家效率指南的执行国家先进/标杆水平），扩建、改建的工业项目清洁生产水平不得低于国家清洁生产先进水平。根据长春新区发展现状及近几年发展趋势，参考《国家生态工业示范园区标准》（HJ 274—2015），对重点行业效率提出要求。

表 11-23 长春新区规划区工业产业环境经济准入门槛建议指标一览表

考核指标	指标值	国家生态工业示范园
重点污染源稳定排放达标情况/%	100	100
工业园区重点企业清洁生产审核实施率/%	100	100
单位工业增加值综合能耗/（t 标煤/万元）	≤0.5	≤0.5
单位工业增加值新鲜水耗/（m^3/万元）	≤9	≤9
单位工业增加值固废产生量/（t/万元）	≤0.1	≤0.1
工业固体废物（含危险废物）处置利用率/%	100	100
单位工业增加值废水排放量/（m^3/万元）	≤7	≤7
单位工业增加值 COD 排放量/（kg/万元）	≤1.0	≤1.0
单位工业增加值 SO_2 排放量/（kg/万元）	≤1.0	≤1.0

11.7.6 强化环境风险防范

空港经济开发区重点强化石头口门水库、居住区等敏感性区域环境污染事故的预防和应急管理。风险防控主要以突发性风险物质泄漏防控为主，同时减少重金属类累积性风险物质排放。该区域污染事故风险管理以预防为主。①重点对饮用水水源防护区周边危险企业进行事故隐患排查，对存有重大环境风险，没有能力进行技改或有效控制的企业要坚决取缔；对使用国家明令淘汰的落后工艺设备的企业予以关停取缔，有效规避环境风险，减少污染事故发生概率。②在仓储等风险源布局上应远离住宅区等敏感性区域，同时在风险物质仓储区（如油漆和丙酮贮存容器）周围设置围堰；围堰按照《危险废物贮存污染控制标准》要求进行防渗设计，避免物料下渗污染土壤和地表水体；挥发的物料集中在仓库内，不会直接排放至外界大气。③建立区域、企业等各级环境污染事故应急预案，制订水源地供水安全及居住区安全的信息预警和应急处理预案，通过自动监测、信息预警和自动决策等手段使污染事故能够得到及时发现、及时处理。

北湖经济开发区原有风险企业对敏感区域潜在风险较大，同时潜在风险区域内受体敏感性较弱。因此，该区域环境风险管控重点以对新增风险的源头控制为主，对现有风险企业进行防护。同时，建议新增风险企业实行安全生产管理。严格控制累积性环境风险物质的排放量，加快行业技术进步，提高行业发展的质量和效益。科学调整重金属企业环境安全防护距离，禁止在重要生态功能区和因累积性污染导致环境质量不能稳定达标区域新建相关项目。同时加强污染场地周边绿化，保证植被覆盖率，降低累积性环境风险。对现有风险源进行优化企业布局，对高危险性风险源周边的居住、学校、医院等风险受体敏感区规划进行限制，并对易发生污染事故的企业加强专项和长效的安全管理。构建企业、园区及区政府三级联动的应急响体系，规定响应的程序，对主要有毒物质泄漏制定响应级别及与周边响应的联动程序，做到及时隐蔽、及时疏散、及时减少污染事故损失。

高新技术产业开发区现有风险源较为集中，同时居民区及商业、教育区距离风险源较近。未来区域规划主导产业以重点发展新能源汽车、生物医药、光电子与智能制造、新能源新材料等主导产业，突发性及累计性风险集中凸显，风险呈现复合化态势。建议，对高新南区防控主要以人为本，严控重大风险源企业。对重大风险源企业，合理划定卫生防护距离。短期内该区域布局优化调整的措施主要为严格限制新危险源的增加，并进一步对现有重大危险源进行风险隐患排查，不符合规定的要坚决取缔或关闭，减少危险源对敏感人群的威胁；从长远来看，应在综合考虑该区域功能定位及其生态环境特征的基础上，对重大危险企业实施关闭、搬迁。建立重点危险源特征污染污染物监测预警，并制定企业、园区及区政府三级联动应急响应体系。

长德经济开发区原有风险源危险性较高，部分潜在新增风险区临近敏感区。因此，区域风险控制以对现有风险以源头控制为主，对新增风险企业进行风险布局调控。新增风险源要严格按照各行业安全距离的要求，对在安全距离内的人群进行有计划的搬迁。应对高危险性风险源周边的居住、学校、医院等风险受体敏感区规划进行限制，并对易发生污染事故的企业加强专项和长效的安全管理。现有重大风险源进行监控预警，重点对硫酸、盐酸、氢氧化钠、硝酸、液氮等危险物质进行监控。此外，企业的应急预案，应急响应也是该区域风险管理的重点。

11.7.7 对区域发展的优化调整建议

总体来看，在发展规模上，长春新区未来部分产业发展规模偏大，建议结合资源环境承载能力适当调整人口、产业、经济发展规模。在空间布局上，长春新区空间布局基本合理，但局部地区存在着产业布局与生态环境保护要求相冲突之处。

充分考虑大气、水环境的传输规律，大气、水环境的承载能力，环境风险的风险防范要求等内容，对长春新区未来发展相关战略提出具体调整与优化建议见表11-24。

表 11-24 长春新区未来发展战略具体调整与优化建议

序号	领域	规划内容	调整建议	调整依据
1	发展定位与方向	长春高新技术产业开发区产业发展方向为：发展汽车产业、光电信息、生物医药、文化创意、城市服务等产业	建议远期不将生物医药的生产制造作为主导产业发展方向，推荐将相关生物医药研发等高端服务业作为产业定位	永春河水环境理论容量小，城镇居民密集，大学密集，环境敏感度高；依靠新区内的大学和相关研究院所，做好生产服务业的发展
2	发展规模	北湖重点建设长东北生物医药园、亚太农业和食品安全产业园等五大园区建设，规划期末产值规模达3 000 亿元	北湖科技开发区建议限制医药产业、精优食品加工行业的发展规模	长春北湖科技开发区未来重要发展方向为长春市北部重要的生态旅游休闲区和商务会展区
3		规划期间生物制药产值达到400 亿元，中成药达到100 亿元	总计500 亿元的产值的基础上压缩20%，将产值控制400 亿元左右，如产业清洁化水平提高较快，对产业规模可进行适当增加	规模的快速增加，特别生物疫苗、中成药、血液制品等对区域空气质量整体影响较大

序号	领域	规划内容	调整建议	调整依据
4	≤	经开北区、九台经济开发区、兴隆综合保税区、东北亚国际物流园和长德经济开发区规划人口与经济规模	建议适当压缩经开北区、九台经济开发区、兴隆综合保税区、东北亚国际物流园和长德经济开发区等省级开发区的城镇人口规模（尤其是长德经济开发区人口规模）	结合水质状况与污水处理能力，考虑水环境承载能力
5		北湖（长东北物流园）	控制物流园区的规模和清洁化水平	位于长德合作区居民区上风向，车辆和物流机械废气对居住产生不利影响
6		医药产业发展与布局	对中成药和生物制药行业优先发展无污染的生产工艺，对涉及生产发酵、恶臭气体的生产环节尽量转移至其他区域进行生产，在新区内只进行相对较为清洁的工艺	规划期间规模的快速增加，特别生物疫苗、中成药、血液制品等主要位于高新南区内，对区域空气质量整体影响较大
7	产业结构与布局	高新区生物医药、汽车产业、光电信息产业	提高生物医药行业废气排放标准，禁止涉及恶臭、气味、污染物浓度未能达标排放的生产工艺，设置汽车喷涂挥发性有机物控制标准要求，提高汽车及其零部件的产业集成和清洁生产	高新区现状产业密集，人口密度较大，环境敏感度较高
8		长德重点打造高端装备制造基地、精优食品加工基地和新能源汽车产业基地	长德建议限制精优食品加工等行业发展，禁止高耗水、高污染排放的食品原料加工或初级加工企业进入；如无深度污水处理工艺，建议禁止发展精优食品加工等行业	干雾海河水环境理论容量小，且存在断流现象
9	空间布局	北湖湿地周边规划大量商业及居住用地	建议进一步完善用地方案，适当减少商业、居住等用地类型，确定北湖湿地公园的控制范围	北湖湿地建设和管理应符合相关管理要求
10		卡伦湖西侧建设用地位于卡伦湖生态敏感区内	建议进一步核实卡伦湖周边建设用地开发边界与用地范围，分析卡伦湖湿地的生态重要性，确定其合理控制范围	建设用地应位于城市开发边界范围内

序号	领域	规划内容	调整建议	调整依据
11	目标指标	PM_{10}年均浓度小于60 μg/m^3，饮用水水质综合合格率达到100%	建议补充细颗粒物2030年达到国家Ⅱ级标准，各河流水质断面满足功能区要求等指标	加强环境质量目标的硬约束
12	城市建设（开放强度、时序、防护距离）	空港经济开发区东区部分占用大黑山部分生态空间，用地方案中关于饮马河防护距离不足	调整用地开发规模，控制在开发边界范围内，控制开发强度，减少对大黑山的生境影响。饮马河两岸生态防护带宽度控制在50～100 m	用地布局方案与开发边界不符；用地布局侵占部分生态空间及生态红线区用地
13		北湖湿地建设开放强度较大	在北湖湿地建设的基础上，加大新区内自然和人工湿地建设力度	区域内水体氨氮、总磷水质普遍超标，城镇生活和工业污染压力较大；应在干雾海河、雾开河、饮马河（小南河）、永春河流域城镇污水处理设施附近强化湿地选址和建设等方面的规划内容
14		西营城街道建设强度	在空港核心污水厂未正式投入运营前，适当控制西营城街道城镇建设开发强度，避免西营城河水生态环境进一步恶化	西营城河子流域水质为V类，且存在进一步恶化态势，严重影响饮马河干流下游水质
15	环境风险防范	各开发区内与现有风险源冲突的规划居民区	调控现有风险源与规划居民区空间布局，建议重大风险源区附近限制居民区等敏感目标建设	保障居住安全与人体健康
16		空港经济开发区西区内集成电路产业园建设	加强石头门口水库，以及空港电镀产业园区环境风险控制以及应急预案管理	受体敏感性较高，保障饮用水安全
17		石头口门水库二级防护区卫生院医疗危险废物燃烧处置	防控危险废物燃烧所造成的环境风险	受体敏感性较高，保障饮用水安全

序号	领域	规划内容	调整建议	调整依据
18	交通建设	规划的干线公路、高速公路、轨道交通等交通路网有多条穿越对大黑山生态敏感区域	建议优化对外交通路网，论证其合理性，道路与轨道交通尽可能合并选线；设计时，增加野生动物通道	交通干线容易造成生态系统割裂，生物多样性水平降低
19	环保基础设施建设	污水处理能力	规划的长德污水厂处理规模偏小，建议 2020 年处理规模应达到 8 万～10 万 t/d，2030 年规模应达到 15 万 t/d 左右	考虑长德经济开发区的城镇人口规模和经济产业规模，结合邻近九台经济开发区、东北亚国际物流园等生产生活污水的排放去向，应适当增大处理规模
20	环保基础设施建设	污水处理工艺	建议优化区域内城镇和工业污水处理设施的氨氮去除工艺，提升氨氮去除效率；城市污水处理工艺选择上应严格要求氨氮、总磷去除率指标，同时实施达标尾水的进一步净化工程	长春新区氨氮水环境容量较小，现状总磷指标超标
21	环保基础设施建设	再生水管网建设	对再生水专用管网纳入市政基础设施进行规划设计，并就用途去向与激励政策进行合理设计	减少污水处理设施退水外排
22	环保基础设施建设	固废、危废收集处理	完善固废与危险废物收集、管理、处置等内容	强化环境风险防范
23	环保措施	环境风险应急管理体系	风险企业应急预案编制及备案，提升风险管理能力	防范重点区域环境事故防范
24	环保措施	空港经济开发区创建“清洁能源创新示范区”	空港经济开发区禁止建设燃煤锅炉	空港东区作为体育赛事、旅游观光为主的区域，对环境质量要求较高，提前开展无煤化

序号	领域	规划内容	调整建议	调整依据
25	环保措施	空港经济开发区创建“清洁能源创新示范区”	空港西区龙嘉机场地面作业车辆逐步替换为新能源车辆	机场及其附属车辆作为区域最主要的大气污染来源，对局地空气质量影响较大，建议明确机场地面作业车辆逐步替换为清洁能源车辆
26		环境监测体系	建议按照监测计划，加强大气、水（含地下水）、土壤等环境要素的监测能力	全面提升新区环境监测能力
27		社会事业发展指标体系规划	增加中小学环境教育率指标，建议2020年达到100%	提高环保意识